京 秀（刘捍中摄）

凤凰51号（王强摄）

香 妃（王强摄）

红香妃(王强摄)

奥古斯特(王强摄)

藤稔(刘捍中摄)

玫瑰香(刘捍中摄)

香 红(刘捍中摄)

红地球(苑亚利摄)

美人指(刘凤之摄)

达米娜(刘捍中摄)

香 悦(刘捍中摄)

巨玫瑰(王玉环摄)

黄意大利(刘捍中摄)

奇 妙(王强摄)

乍娜(修德仁摄)

无核早红(刘捍中摄)

金星无核(刘捍中摄)

夏黑无核（徐卫东摄）

碧香无核（李恩荣摄）

白鸡心无核（刘捍中摄）

昆香无核(荣新民摄)

水晶无核(荣新民摄)

蜜丽莎无核(刘捍中摄)

红宝石无核(刘捍中摄)

葡萄栽培技术

（第二次修订版）

主 编

刘捍中

编著者

王宝亮 王 昆 巩文红 张尊平
刘锦辉 石桂英 刘捍中

本书荣获全国首届"兴农杯"
优秀农村科技图书三等奖

金盾出版社

内 容 提 要

本书第一版自1991年4月出版以来,受到广大读者欢迎;1997年7月修订版出版,至今共印刷64.5万册。为了满足广大读者掌握葡萄栽培不断发展的新技术的需求,作者在认真总结多年开展葡萄优质高效栽培及绿色食品葡萄生产经验的基础上,吸收了国内外葡萄栽培新技术和新的优良品种,对修订版进行了再修订。本书较全面系统地反映了我国葡萄栽培的新经验和新技术。主要内容包括:葡萄栽培基本知识;葡萄生产园的选择和建设;适于鲜食、酿酒及各类加工葡萄的优良品种;优种良砧的繁育技术;国内外先进葡萄架式、树形的培养技术;葡萄枝蔓、花、果的管理;土肥水管理及病虫害防治;设施栽培及果实采收、贮藏保鲜技术等。本书内容丰富,科学实用,技术先进,文字通俗易懂,具有较强的指导性和可操作性,适合广大果农、果树技术人员及农业院校果树专业师生阅读参考。

图书在版编目(CIP)数据

葡萄栽培技术/刘捍中主编.—第二次修订版.—北京:金盾出版社,2005.11(2019.8重印)
ISBN 978-7-5082-3779-4

Ⅰ.①葡… Ⅱ.①刘… Ⅲ.①葡萄栽培 Ⅳ.①S663.1

中国版本图书馆CIP数据核字(2005)第107455号

金盾出版社出版、总发行
北京市太平路5号(地铁万寿路站往南)
邮政编码:100036 电话:68214039 83219215
传真:68276683 网址:www.jdcbs.cn
北京印刷一厂印刷、装订
各地新华书店经销
开本:787×1092 1/32 印张:8.25 彩页:8 字数:179千字
2019年8月第2次修订版第36次印刷
印数:734 001～737 000册 定价:22.00元

(凡购买金盾出版社的图书,如有缺页、
倒页、脱页者,本社发行部负责调换)

第二次修订版前言

《葡萄栽培技术》一书自1991年4月出版以来,深受葡萄生产者和果树技术人员的欢迎。1997年7月本书修订版出版,至今共印刷64.5万册,对普及葡萄栽培技术、推动葡萄生产起到了积极作用。该书荣获全国首届"兴农杯"优秀农村科技图书三等奖。

当前,随着我国农村经济的发展和葡萄生产技术的进步,特别是国内外市场对葡萄产品的旺盛需求,极大地调动了广大果农发展葡萄生产的积极性。他们渴望了解葡萄市场销售的新信息、葡萄优良新品种及无公害葡萄、绿色食品生产的新技术。为了满足广大果农的需求,并促进我国葡萄生产与世界贸易接轨,提高我国葡萄产品进入国际市场的竞争力,笔者以生产绿色食品葡萄为核心,以农业行业标准为指导,对《葡萄栽培技术》(修订版)重新修订,书中反映了笔者多年开展葡萄优质高效栽培、无公害葡萄和绿色食品葡萄研究成果,介绍了葡萄栽培的新技术和新品种,力求做到面向果农,面向生产第一线。

本书第二次修订版概述了生产绿色葡萄的目的和意义;提出了当前我国葡萄生产存在的问题及解决办法,其中重点叙述了全国葡萄栽培气候区域化和品种良种化的情况;补充了有发展前途的葡萄新品种和新砧木;系统地介绍了葡萄园设计规划、建园、葡萄架式、树形、枝蔓、花果及土肥水管理的新方法和新技术;增写了葡萄设施栽培、病虫害防治和果实采收分级、贮藏保鲜等方面的新技术。

本书内容翔实丰富,技术先进,文字通俗易懂,文图并茂,具有较强的可操作性,可作为葡萄生产专业户、果树技术人员与农业大专院校果树专业师生的参考资料。笔者祈愿本书为促进 21 世纪我国葡萄绿色食品生产献出绵薄之力。

书中提到的农药、化肥的浓度和用量,因产品有效成分含量不同,再加上葡萄种类、物候期和环境条件的差异,其效果也会不同,故仅供参考,谨请读者以产品说明书为准。

本书在编写和修改再版过程中,得到果树界朋友的热情支持,并提供资料、图书、数据、照片,笔者还仿绘了部分图形。在此,谨向原作者、各位同行和朋友表示衷心的感谢。

限于作者水平,书中不妥之处在所难免,敬请读者指正。

编著者
2005 年 5 月

通信地址:辽宁省兴城市中国农业科学院果树研究所
邮　　编:125100

目 录

第一章 概述 ……………………………………………… (1)
  一、葡萄绿色食品的概念及生产的意义 ………………… (1)
    （一）葡萄绿色食品的定义 ……………………………… (1)
    （二）葡萄绿色食品生产的现状 ………………………… (1)
  二、发展葡萄生产的意义 …………………………………… (6)
    （一）葡萄对人体健康具有独特作用 …………………… (6)
    （二）葡萄用途广泛 ……………………………………… (7)
    （三）葡萄结果早，易丰产，产值高 ……………………… (7)
  三、我国葡萄生产存在的问题及对策 ……………………… (8)
    （一）葡萄生产中存在的主要问题 ……………………… (8)
    （二）主要对策 …………………………………………… (9)

第二章 葡萄栽培的基本知识 …………………………… (17)
  一、葡萄生产基地的选择 …………………………………… (17)
    （一）选择无工矿"三废"污染的地区建园 ……………… (17)
    （二）按葡萄生产技术规程管理，控制人为污染 ……… (17)
  二、葡萄的生长周期 ………………………………………… (19)
    （一）葡萄的年生长周期 ………………………………… (19)
    （二）葡萄树的生命周期 ………………………………… (22)
  三、葡萄对生态环境条件的要求 …………………………… (23)
    （一）温度 ………………………………………………… (23)
    （二）水分 ………………………………………………… (25)
    （三）光照 ………………………………………………… (26)
    （四）土壤 ………………………………………………… (26)

第三章 葡萄优良品种及抗性砧木选择 …………(28)
一、按我国葡萄栽培区划选择主栽品种…………(28)
 (一)有核鲜食品种 …………………………(28)
 (二)无核品种 ………………………………(51)
 (三)优良酿酒品种 …………………………(61)
 (四)制汁品种 ………………………………(64)
 (五)制干优良品种 …………………………(66)
二、葡萄优良抗性砧木 …………………………(67)

第四章 葡萄优种良砧繁育技术 …………………(70)
一、苗圃地选择与规划设计……………………(70)
 (一)苗圃地选择 ……………………………(70)
 (二)苗圃地规划 ……………………………(70)
二、苗圃地的整地施肥…………………………(71)
 (一)深耕施肥 ………………………………(71)
 (二)整地做垄 ………………………………(71)
三、硬枝插条苗及嫁接苗的培育………………(71)
 (一)插条的采集与贮藏 ……………………(71)
 (二)插条剪截与清水浸泡 …………………(72)
 (三)催根处理 ………………………………(72)
 (四)硬枝插条育苗 …………………………(75)
 (五)营养袋育苗 ……………………………(76)
四、嫁接育苗……………………………………(77)
 (一)绿枝劈接育苗 …………………………(77)
 (二)硬枝嫁接育苗 …………………………(78)
五、"三步"快速育苗法 ………………………(80)
六、葡萄苗木标准………………………………(81)

第五章 葡萄生产园的建设 ………………………(83)

一、绿色食品葡萄生产园地选择……………………(83)
二、葡萄园的规划与设计……………………………(83)
　(一)规划与设计的准备工作………………………(83)
　(二)园地规划………………………………………(84)
　(三)葡萄园的行向与行株距设计…………………(85)
三、建园前的土壤准备及改良………………………(87)
　(一)清除植被和平整土地…………………………(87)
　(二)定植沟的土壤改良……………………………(87)
　(三)葡萄架式选择…………………………………(90)
四、葡萄苗木定植技术………………………………(97)
　(一)挖好定植沟……………………………………(97)
　(二)栽植时期与方法………………………………(98)
　(三)葡萄定植后的管理……………………………(98)

第六章　葡萄主要树形及培养……………………(100)
一、整形修剪的作用…………………………………(100)
二、葡萄修剪时期……………………………………(100)
三、葡萄枝蔓在架面分布的要求……………………(100)
　(一)主干的分布……………………………………(100)
　(二)主蔓的分布……………………………………(101)
　(三)侧蔓的分布……………………………………(101)
　(四)结果母枝的分布………………………………(101)
　(五)结果枝组的分布………………………………(101)
　(六)新梢的分布……………………………………(102)
四、冬季修剪的方法和留芽量………………………(102)
　(一)修剪量大小的依据……………………………(102)
　(二)结果母枝的修剪量……………………………(102)
　(三)预备枝及营养枝修剪量………………………(103)

五、葡萄主要架式及适宜树形与培养、整形过程……(103)
　(一)单立(篱)架采用的树形及其培养……(104)
　(二)双立架采用的树形及其培养……(109)
　(三)T型架采用的树形及其培养……(109)
　(四)丰字型架采用的树形及其培养……(110)
　(五)棚架……(111)

第七章　葡萄枝蔓及花果管理……(116)
一、葡萄枝蔓出土后的管理……(116)
　(一)北方葡萄枝蔓出土的时间及管理……(116)
　(二)剥除老翘皮及喷布防治病虫害的药剂……(116)

二、葡萄枝蔓上架引绑……(116)
　(一)葡萄枝蔓上架引绑方法……(117)
　(二)葡萄主要架式及树形枝蔓上架引绑……(117)
　(三)葡萄新梢引绑方法……(118)

三、葡萄抹芽与定枝(疏枝)……(119)
　(一)抹芽与定枝的目的……(119)
　(二)抹芽的时期与方法……(119)
　(三)定枝的时期与方法……(119)

四、葡萄新梢的摘心……(120)
　(一)葡萄新梢摘心的作用……(120)
　(二)结果新梢的摘心时期与方法……(121)
　(三)营养新梢的摘心时期与方法……(121)
　(四)延长新梢的摘心时期与方法……(122)

五、葡萄副梢的利用与管理……(122)
　(一)结果枝上副梢处理的时期与方法……(123)
　(二)营养枝副梢处理的时期……(123)
　(三)延长枝副梢处理的时期与方法……(124)

六、葡萄花序、果穗及果粒管理…………………………(124)
　　(一)疏花序的时期与方法…………………………(124)
　　(二)花序整形及掐穗尖……………………………(125)
　　(三)花前喷硼………………………………………(125)
　　(四)修果穗和疏果粒的时间与方法………………(125)
　　(五)赤霉素等生长调节剂的应用技术……………(126)
　　(六)防止落花落果的措施…………………………(127)
　七、葡萄叶幕层的结构及枝叶调整…………………(128)
　　(一)叶幕结构………………………………………(128)
　　(二)枝叶调整方法…………………………………(129)
　八、葡萄越冬及防寒…………………………………(129)
　　(一)葡萄的耐寒越冬力……………………………(129)
　　(二)葡萄冬季防寒技术……………………………(132)
第八章　葡萄园的土肥水管理…………………………(134)
　一、葡萄园土壤管理…………………………………(134)
　　(一)土壤改良………………………………………(134)
　　(二)葡萄园土壤管理制度…………………………(134)
　二、葡萄所需营养与施肥……………………………(136)
　　(一)主要营养元素…………………………………(136)
　　(二)葡萄缺素症的调整……………………………(139)
　　(三)肥料种类及其作用……………………………(140)
　　(四)施肥时期、方法与数量………………………(143)
　三、灌水与排水技术…………………………………(144)
　　(一)灌水……………………………………………(144)
　　(二)排水……………………………………………(145)
　　(三)葡萄的需水规律及灌水………………………(145)
第九章　葡萄主要病虫害防治…………………………(147)

一、葡萄病虫害防治的方针 …………………………… (147)
二、葡萄病虫害的综合防治方法 ……………………… (147)
 (一)植物检疫……………………………………… (147)
 (二)农业防治……………………………………… (148)
 (三)生物防治……………………………………… (148)
 (四)化学防治……………………………………… (149)
三、葡萄主要真菌及细菌病害的特征、识别与防治 … (151)
 (一)葡萄黑豆病…………………………………… (151)
 (二)葡萄白腐病…………………………………… (152)
 (三)葡萄霜霉病…………………………………… (154)
 (四)葡萄炭疽病…………………………………… (156)
 (五)葡萄白粉病…………………………………… (157)
 (六)穗轴褐枯病…………………………………… (159)
 (七)葡萄褐斑病…………………………………… (160)
 (八)葡萄房枯病…………………………………… (162)
 (九)葡萄灰霉病…………………………………… (164)
 (十)葡萄癌肿病…………………………………… (166)
四、葡萄主要病毒病的特征、识别与防治…………… (168)
 (一)主要病毒病及症状…………………………… (168)
 (二)病毒病防治方法……………………………… (170)
五、葡萄主要虫害的特征、识别与防治……………… (171)
 (一)葡萄透翅蛾…………………………………… (171)
 (二)葡萄虎蛾……………………………………… (172)
 (三)葡萄缺节瘿螨………………………………… (174)
 (四)葡萄二黄斑叶蝉及斑叶蝉…………………… (175)
 (五)葡萄根结线虫………………………………… (177)
 (六)葡萄根瘤蚜…………………………………… (179)

六、主要常用推广农药 …………………………………（181）
　（一）杀菌剂 …………………………………………（181）
　（二）杀虫剂农药 ……………………………………（189）

第十章　葡萄设施栽培技术 ……………………………（197）
一、葡萄设施栽培的意义 ………………………………（197）
　（一）调节市场，增加经济效益 ……………………（197）
　（二）扩大栽培区域，反季节栽培 …………………（198）
　（三）抵御自然灾害，扩大栽培面积 ………………（198）
二、葡萄设施栽培的设施类型 …………………………（199）
　（一）日光温室 ………………………………………（199）
　（二）加温日光温室 …………………………………（199）
　（三）塑料大棚 ………………………………………（199）
　（四）塑料小拱棚 ……………………………………（199）
　（五）避雨棚 …………………………………………（199）
三、主要设施的设计 ……………………………………（200）
　（一）日光温室 ………………………………………（200）
　（二）塑料大棚 ………………………………………（203）
　（三）避雨棚 …………………………………………（204）
四、葡萄设施栽培的类型 ………………………………（204）
　（一）促成栽培 ………………………………………（204）
　（二）延迟栽培 ………………………………………（205）
　（三）避雨栽培 ………………………………………（205）
五、设施中葡萄的栽培与管理 …………………………（205）
　（一）设施栽培品种的选择 …………………………（205）
　（二）设施栽培的制度、架式及密度 ………………（208）
　（三）设施中温度的要求与调控 ……………………（209）
　（四）设施中光照的要求与调控 ……………………（210）

(五)设施中湿度的要求与调控……………………(211)
　　(六)设施中二氧化碳的要求与调控………………(211)
　　(七)设施中病虫害的防治…………………………(212)
　　(八)设施中葡萄芽、枝、蔓、花、果的管理…………(212)
　　(九)设施中肥水管理技术…………………………(214)
　　(十)葡萄设施栽培新技术的应用…………………(214)
第十一章　葡萄采收、分级及贮藏保鲜………………(216)
　一、鲜食葡萄适时采收对贮运保鲜的作用 …………(216)
　　(一)葡萄采前因素对贮藏的影响…………………(216)
　　(二)葡萄采后的生理变化…………………………(217)
　　(三)葡萄采收的成熟度及采收、分级、包装………(217)
　　(四)采后作业………………………………………(220)
　　(五)葡萄贮藏保鲜…………………………………(222)
　　(六)葡萄允许使用的防腐剂………………………(224)
　　(七)葡萄贮藏中的主要病害………………………(225)
　二、微型(小型)节能冷库及贮藏简介 ………………(228)
　　(一)微型节能冷库的设计…………………………(228)
　　(二)设备选型………………………………………(230)
　　(三)冷库管理………………………………………(230)
附录1　东北地区葡萄园作业历(辽宁兴城地区)……(232)
附录2　华北地区葡萄园作业历(北京)………………(235)
附录3　中部地区葡萄园作业历(河南郑州地区)……(238)
附录4　西北地区葡萄园作业历(宁夏银川地区)……(240)
附录5　上海地区葡萄园作业历………………………(242)
主要参考文献……………………………………………(244)

第一章 概 述

一、葡萄绿色食品的概念及生产的意义

(一)葡萄绿色食品的定义

绿色食品是按照农业部绿色食品标准特定的生产方式生产,经专门机构认定,许可使用绿色食品标志商标的无污染的安全、优质、营养类食品。绿色食品应该具备以下条件:产品或产品原料产地必须符合绿色食品生态环境质量标准;农作物种植、畜禽饲养、水产养殖及食品加工必须符合绿色食品的生产操作规程;产品必须符合绿色食品质量和卫生标准;产品外包装必须符合国家食品标签通用标准,符合绿色食品特定的包装、装潢和标签规定。

我国绿色食品可分为AA级和A级两大类:AA级绿色食品对生产园地的环境质量要求按NY/T 391—2000《绿色食品产地环境技术条件》的标准进行选择,对生产过程要求按NY/T 393—2000《绿色食品农药使用准则》、NY/T 394—2000《绿色食品肥料使用准则》进行,产品经中华人民共和国农业部绿色食品发展中心检查认定,并允许使用绿色食品标志的称为AA级绿色食品。A级绿色食品只在生产过程中允许限量使用限定的化学合成物质(农药、肥料及生长调节剂),其余的要求均与AA级相同。

(二)葡萄绿色食品生产的现状

1. 世界绿色食品发展概况 1987年,联合国世界环境和发展委员会提出"农业可持续发展"的概念,并研究了有关"可

持续发展农业的全球策略"。1988年后,联合国粮农组织对发展有机(绿色)食品制定了有关政策和文件。而后有机(生态)农业在许多先进国家兴起,提倡在食品原料生产、产品加工等系列环节上都要树立"安全食品"的思想。如当前世界上大搞无污染农业生产的国家有美、英(称有机农业)、德(称生物农业)、瑞典(称生态农业)、日本(称自然农业)等。虽然这些国家对新型农业的叫法不同,但其共同特点是在保护环境和无污染的基础上,生产出安全、优质、富于营养的食品。世界主要葡萄生产国2004年的葡萄栽培面积和产量(FAO数据)如表1-1。

表1-1 主要葡萄生产国2004年葡萄栽培面积和产量 (FAO数据)

名次	葡萄面积		葡萄年产量	
	国家	千公顷	国家	千吨
1	西班牙	1200	意大利	8400
2	法国	900	法国	7800
3	意大利	850	西班牙	6902
4	土耳其	565	美国	5509
5	中国	423	中国	5343
6	美国	380	土耳其	3650
7	伊朗	270	伊朗	2500
8	罗马尼亚	228	阿根廷	2365
9	葡萄牙	220	澳大利亚	1800
10	阿根廷	208	智利	1750
11	智利	168	南非	1600
12	澳大利亚	150	德国	1480

2. 我国绿色食品生产现状 我国绿色食品和无公害食品的生产,虽然起步较晚,但发展的速度较快。从中央到地方先后建立了绿色食品的各级管理机构,制定了各种食品(含水果)生产和加工产品的检查、检验标准,陆续出台了《绿色食品基地管理暂行条例》和《商业企业使用绿色食品的标志暂行规定》,这些工作有力地推动了绿色食品和无公害食品生产的发展。如1990年农业部组织实施绿色工程后,就批准了127个商品为绿色商品,1992年批准63个商品,1993年批准217个商品,1994年批准86个商品,1995年后绿色食品发展速度更快,从1990～1999年累计批准2 487个商品为绿色商品;1999年共有742个企业,生产出1 353个绿色食品,生产总值达494.3亿元,总产量1 105.8万吨。绿色食品种植和养殖业面积达到237.6万公顷。到2001年我国绿色食品企业已发展到1 217家,有效使用绿色食品标志的产品总数达2 400个,其中A级产品2 347个,AA级产品(相当于有机食品)53个,绿色食品产量超过2 000万吨。

全国水果生产中,到1996年荣获绿色食品证书的单位有104个,产量达49.6万吨,种植面积达4.92万公顷。其中天津市汉沽区葡萄生产,应用农业综合防治病虫技术,在全国率先生产出绿色食品葡萄,达到保护环境、提高品质、降低成本、增加效益的目的,成为全国生产绿色食品的先进典型之一。我国葡萄主要生产省、市、自治区的栽培面积及产量见表1-2。

表1-2 2003年全国主要地区葡萄栽培面积及产量

（农业部2003年公布数据）

省、市、自治区	面积（千公顷）	占全国比例（%）	产量（吨）	占全国比例（%）
全国总计	421.00	100.00	5175939	100.00
新 疆	91.70	21.78	1066311	20.60
山 东	65.90	15.65	548159	10.70
河 北	62.10	14.75	803418	15.52
辽 宁	37.40	8.88	586124	11.32
河 南	21.60	5.13	331036	6.40
吉 林	13.80	3.28	107362	2.07
山 西	13.70	3.25	111.885	2.16
陕 西	11.40	2.71	89925	1.74
四 川	11.10	2.64	144409	2.79
浙 江	10.80	2.57	172714	3.34
湖 南	9.80	2.33	96944	1.87
甘 肃	9.40	2.23	63343	1.22
广 西	8.60	2.04	94210	1.82
江 苏	8.20	1.95	140777	2.72
安 徽	7.60	1.81	161600	3.12
宁 夏	7.00	1.66	41407	0.88
天 津	5.90	1.40	140060	2.71
湖 北	5.70	1.35	57415	1.11
云 南	5.30	1.26	42606	0.80

3. 发展葡萄绿色食品生产的意义

（1）发展绿色食品葡萄生产是保护环境、实现果业可持续

发展的需要 世界卫生组织的统计指出,发展中国家农药中毒事件每年都要超过 2 500 万人次。在对生态环境比较重视的德国有机合成杀虫剂的用量每年仍高达 3 万吨,由此造成的经济损失每年高达 30 亿马克。农业环境污染问题已引起各国政府和民众的广泛关注。尤其是最近 10 年来,采用"绿色"农业生产制度,实现农业的可持续发展已成为各国农业政策的优先选择。随着我国经济的快速稳定增长,人民生活水平的不断提高,人们对食品质量和安全性要求也有了相应提高。安全健康的食品已成为 21 世纪我国消费市场的最主要需求。多年来,由于过分追求产量以实现市场供需平衡,在生产中大量使用化学合成物质,导致农业生态环境及农产品中有害物质的污染已相当严重。各地调查发现,蔬菜、水果、茶叶及多种畜产品中硝酸盐、农药、重金属离子的含量超标现象较为普遍。农业部对 2000 年春节期间在部分大中城市市场销售的 30 多种蔬菜、水果的 17 种农药残留量进行的抽样检测表明,多数样品中农药残留量超标 50% 以上,一些重金属离子的含量超标 100%。北京、天津、河北、山东等地 200 个地点的抽查显示,46% 样点地下水的硝酸盐超过 50 毫克/升,最严重者高达 500 毫克/升。这一严峻形势已引起党和政府及消费者的高度重视。因此,依靠科技进步,推动传统果业生产向优质、高效、生态、安全的现代农业转变,实现环境保护和果业生产可持续发展的和谐统一,意义重大。

(2) **发展绿色食品葡萄生产是我国参与国际市场竞争、创汇增收的需要** 我国是世界上最大的水果生产国。2003 年水果栽培面积为 943.7 万公顷,产量为 7 551.5 万吨。但我国的水果出口与我国水果生产第一大国的地位极不相称。加入 WTO 为我国的水果出口和参与国际市场竞争提供了前所未有的机遇。果品生产属于劳动密集型产业,我国劳动力资源丰富。因此,果品价格在市场上极具竞争力。但是,为了保护本国生产者的利益和消费者的身体健康,一些国家不断提高水果进口门槛,设置"技术性贸易壁垒"(TBT)。因此,开展绿色葡萄生产,是从根本上提高果品的竞争优势,打破非关税壁垒,促进产品出口的迫切需要。

二、发展葡萄生产的意义

(一)葡萄对人体健康具有独特作用

葡萄是人们普遍喜爱的果品,其色泽、香味俱佳,并含有丰富的营养,有较高的保健价值。据中国医学科学院1989年资料:对100克成熟葡萄果实可食部分分析,含水分88克,蛋白质0.4克,碳水化合物8.2克,粗纤维1.6克,灰分0.2克,钙58.0毫克,磷15.0毫克,铁0.6毫克,胡萝卜素0.11毫克,热量41.0千卡,硫胺素0.08毫克,核黄素0.03毫克,尼克酸0.2毫克,坏血酸4.0毫克。由于含有上述营养物质,所以,食用葡萄对人们身体健康有着重要作用。据近几年国内外报道,在葡萄和葡萄制品中发现含有白藜芦醇(Resveratrol)的物质,与人体内雌性激素受体结合,能调节血管中的胆固醇含量,有软化血管、降低血压、减少脂肪在血管里的沉积,抵制血小板凝聚,减少患心血管病的作用。特别是葡萄中含的白藜芦醇还能抵制环氧合酶(COX)及过氧化氢酶催化合成产物能诱变的癌症,如对皮肤癌等肿瘤有明显防治作用。所以,人们常吃葡萄、葡萄干和适量饮些红葡萄酒、葡萄汁,增加白藜芦醇物质含量,能抵制细胞的癌变和减少心血管疾病的发生。因此,发展绿色食品葡萄生产,对保护环境,使农业可持续发展及有益于人们身体健康有着重要的意义。

(二)葡萄用途广泛

葡萄果实用途很广,除鲜食外,大量用于酿制各类葡萄酒、葡萄汁、葡萄汽水、葡萄罐头和葡萄干等。目前世界上每年葡萄总产量达 61 018 万吨,其中的 85% 以上用于酿制葡萄酒,全世界每年产葡萄酒 3 000 多亿升;含糖量高的无核葡萄多用于晾制葡萄干,占总产的 5% 左右;葡萄种子含油 13%～15%,可提炼芳香清亮的食用油或工业用油;酿酒剩下的皮渣占 20%～30%,每千克可提取酒石酸钾盐 7～10 克;从红葡萄皮渣中可提取 2.2%～8% 的单宁;皮渣和嫩梢叶可做饲料,含粗蛋白 16%,脂肪 11%。皮渣堆积发酵沤成的有机肥料,能有效地改良土壤结构,增加肥力。葡萄皮渣肥含氮 1.99%,磷 0.7%,钾 0.47%,粗蛋白 11.7%,脂肪 7.6%,有机质含量是牲畜粪的 1/3,而成本是牲畜粪的 1/10。

(三)葡萄结果早,易丰产,产值高

葡萄是结果早的果树之一,当年定植的 1 年生苗木,如管理得好,经过 1 年的营养生长,枝条径粗达 10 毫米左右时,多数品种都能形成花芽,第二年即能开花结果,第三年一般每 667 平方米产量可达 800 千克,第四年可进入盛果初期,每 667 平方米可产 1 500 千克左右。近些年来,我国各葡萄产区发现了许多先进生产典型。如中国农科院果树研究所 1999 年在辽宁省兴城市望海乡余粮村刘绍成试验基地建立 6 公顷葡萄栽培示范园,主栽品种红地球,2 年开花结果株率为 62.5%,平均株产 1.6 千克,平均每 667 平方米产 339.2 千克;栽后 3 年平均株产 6.1 千克,每 667 平方米产量达 1 293.2 千克;栽后第四年,加强疏穗疏粒工作,平均株产 6.8 千克,每 667 平方米产量高达 1 441.6 千克。河北省涿州市保岱乡 4 年生红地球葡萄,在肥水和夏季管理较好的条件下,

每 667 平方米产量达 1 800 千克，果实色泽鲜艳，果肉硬脆，品质极优，果农收益可观。因此，发展安全、优质的葡萄生产，是我国搞好农业产业结构调整、增加农民收入的有效途径。

三、我国葡萄生产存在的问题及对策

(一) 葡萄生产中存在的主要问题

1. 缺乏科学规划 当前我国正在进行农业结构调整，果树尤其是葡萄由于经济效益较好，许多地区都把果业发展包括葡萄发展作为产业结构调整的目标，但是由于品种对生长环境要求不同，并不是每个地区都可以栽植同一个优良品种。如红地球葡萄在高温、多湿地区露地栽培，不但品质差，而且病虫害发生严重，经济效益较低。

2. 盲目追求新品种 我国的葡萄育种基础比较薄弱，生产上的大部分品种为国外引进。受经济利益驱使，引种工作较为混乱，很多品种未经区试、没有审定就开始推广，造成广大果农盲目追新求异，在生产上造成了很大损失。

3. 苗木市场混乱 苗木是葡萄业发展的基础。葡萄苗木质量和纯度的高低直接影响到以后的生产。但目前我国的苗木生产不尽人意。一是品种混杂、以次充好现象时有发生；二是品种名称较为混乱，同物异名现象十分普遍。

4. 重视数量，忽视质量 由于受短缺经济的影响和传统生产技术的束缚，在葡萄生产上存在片面追求高产而忽视提高品质的问题。如有的葡萄园每 667 平方米产量高达 4 000～5 000 千克，造成果实上色差、口味淡，最后遭受霜害。特别是在生产过程中，一些地区不认真遵守技术操作规程，对环保、果品卫生、营养、安全等问题重视不够。

(二)主要对策

1. 葡萄生产要实行栽培区域化和品种良种化　我国幅员辽阔,各个地区的气候、土壤差异较大,南北跨越热带、亚热带、温带、凉温带和寒冷(冷凉)带等不同的气候带,再从东部地势低洼的沿海到西部海拔高度不等的高原地区。由于葡萄长期生长受活动积温和降水量等生态环境的影响,形成了葡萄各自适宜的生长发育区域。各种葡萄的优良品种在满足各自生态条件时,才能比较容易获得优质、高产和较好的经济效益。

我国的果树专家、教授,早在 20 世纪 70 年代就开始对全国葡萄气候、土壤区划和葡萄品种栽培进行调查与区划,这是许多著名果树专家多年研究工作的成果。现将主要果树专家区划的意见归纳为六大气候区和若干个亚区,以及各气候区葡萄适宜栽培的品种简介如下。

(1)寒冷(冷凉)区的气候特点及葡萄品种选择

①甘肃河西走廊的中西部和晋北大同盆地为干燥亚区　该亚区水热系数,即 K 值为活动积温与同期降水量(毫米)的比值。K 值<1.5,年绝对最低气温达-28℃左右,气候寒冷;生长季节较短,为 180 天左右;但日照充足,昼夜温差较大,年降水量为 150 毫米左右。因地下水位较低,当地采用深沟浅植栽培和庭院栽培方法,选用蜜汁、康拜尔、紫香水等品种栽培,生长结果较好。近几年引用抗寒、抗旱砧木贝达和山河系等嫁接乍娜、京秀、凤凰 51、玫瑰早、香妃、红香妃、87-1 等早熟品种和里扎马特、葡萄园皇后、香红、香悦、巨玫瑰和无核白鸡心等中熟品种,冬季可减少防寒土的宽度和厚度,已生产出绿色食品优质的鲜食葡萄供给市场。同时也引入一些酿酒、制汁、制干的优良品种,成为我国绿色食品的生产基地之一。

②东北中北部及通化地区　本地区降水量为600毫米左右,冬季寒冷,年绝对最低气温为-32℃左右,葡萄冬季需要埋土防寒,无霜期为120~130天。选用抗寒、抗旱砧木,如贝达、山河系等,嫁接早、中熟葡萄品种,如早乍娜、特早玫瑰、京秀、玫瑰早、凤凰51、奥古斯特、红香妃、87-1等早熟品种和巨峰、香红、香悦、巨玫瑰、红地球、无核白鸡心等中晚熟优良品种,以供应该区市场的需求。

(2)凉温区的气候特点及葡萄品种选择　该区是我国著名鲜食葡萄和酿酒、制汁的产区。

①河北桑洋河谷盆地亚区　包括涿鹿、怀来、宣化等县,主要分布在桑洋河流域的河谷、盆地及恒山余脉的丘陵地带。本地区年绝对低温为-25℃左右,栽培葡萄冬季需要埋土防寒。该区气候较干燥,日光充足,昼夜温差较大,属半干旱区。全年降水量在400毫米左右,7~9月份K值较适宜,病虫害较少,浆果着色鲜艳,含糖量较高,是驰名中外的宣化牛奶葡萄的主要产区。过去,主栽品种是龙眼、牛奶、玫瑰香和巨峰等品种。近几年,引进了里扎马特、红地球、红意大利、巨玫瑰、香红、京秀、乍娜、奥古斯特和克瑞森无核、奥迪亚无核、无核白鸡心等品种,又引入霞多丽、白诗南、赤霞珠、黑比诺、赛美容等世界著名酿酒品种,逐渐改善品种组成,使该区成为我国绿色食品葡萄鲜食和酿制的主要原料基地之一。

②内蒙古辽河平原亚区　该区气候条件与桑洋河谷盆地条件相似,有希望发展成绿色食品鲜食葡萄和酿制优质酒种的原料基地。其栽培的早、中、晚熟品种可参考桑洋河谷盆地亚区。

③晋北太原盆地和甘肃武威亚区　晋中盆地年降水量为400~500毫米,年绝对低温为-25℃左右,葡萄冬季要埋土

防寒。葡萄果实成熟季节,雨量偏少,有利于果实着色和成熟。武威地区的年降水量仅 180 毫米,主要依靠祁连山雪水灌溉,病虫害较少,葡萄含糖量高,果实着色鲜艳。本地区应根据市场需求,引进优良的鲜食及加工品种,以改善品种组合,逐渐建成我国绿色食品葡萄鲜食、酿酒和制汁的外贸商品基地。

④辽宁沈阳、鞍山亚区 冬季寒冷,年绝对低温达－30℃左右。近年来,用抗寒的贝达、山河系号等砧木,嫁接优良早熟品种乍娜、87-1、玫瑰早、京秀、玫瑰紫、红香妃、凤凰51、奥古斯特、奥迪亚无核和碧香无核等,中熟品种香红、巨玫瑰、香红、香悦、无核白鸡心和黑瑰香等,晚熟品种红地球、红高、早熟甲裴路、龙眼等,提高了植株根系抗寒能力,减少了冬季埋土防寒幅度,优化和改善了品种组成,促进了绿色食品的生产发展,以供给该区市场。本地区设施栽培发展较快,应用特早玫瑰、京秀、早乍娜、玫瑰早、凤凰51、奥古斯特等早熟品种,提早供应市场。

(3)中温区的气候特点及品种选择

①内蒙古乌海亚区 该区气候属于暖温带干旱亚区,除南部通向银川平原外,其西、北、东三面均有大沙漠环绕,热量丰富,光照充足,年降水量为162毫米,利用黄河水灌溉,葡萄病虫害较少,产量高,品质好,是我国绿色食品葡萄鲜食和制干有发展前途的生产基地。本地区年绝对低温为－30℃左右,葡萄采用抗寒砧木,冬季埋土防寒才能安全越冬。主栽制干品种为无核白,应增加京早晶、无核白鸡心和碧香无核等品种,要使本地区发展成我国第二大葡萄制干、制汁和鲜食的生产基地。

②甘肃敦煌亚区 本区全年降水量较少(150 毫米左

右),气候较干燥,是我国新发展的葡萄干产区,葡萄栽培和制干技术也发展较快。本区过去主栽品种为无核白、京早晶。为了适应旅游业的发展,应引入优质、大粒、耐运的玫瑰早、京秀、奥古斯特、乍娜、香红、巨玫瑰、维多利亚等鲜食和昆香无核、碧香无核、无核白鸡心等制干品种,将本地区发展成生产绿色食品优质葡萄干、葡萄汁、红葡萄酒和鲜食葡萄的商品基地。

③辽南、辽西和昌黎亚区 本区环绕渤海湾,是中国优质鲜食葡萄生产基地。现有葡萄栽培面积1.5万多公顷,其中有部分低洼、轻盐碱地生产的葡萄品质更加优良。过去栽培的品种有玫瑰香、龙眼、牛奶、巨峰等。此区气候较适宜,热量和光照充足,年降水量600~700毫米,绝对低温为-20℃左右,栽培葡萄需要埋土防寒越冬。并要选用抗寒、耐湿、耐盐碱的砧木,如贝达、山河系号、5C、5BB、SO_4、420A和1616C等嫁接早熟品种早乍娜、特早玫瑰、玫瑰早、红香妃、凤凰51、黑奇无核、蜜丽莎无核、奥迪亚无核、碧香无核等,中、晚熟品种可选择香红、香悦、巨玫瑰、维多利亚、白玫瑰、红高、达米娜、红地球、红宝石无核、无核白鸡心、克瑞森无核等,使绿色食品鲜食葡萄周年供应市场。同时,适量发展赤霞珠、赛美容、法国兰、梅鹿汁等制红、白葡萄酒的优良品种,为葡萄酒厂提供优质原料。

④山东青岛、烟台亚区 本地区是我国较老的鲜食葡萄和葡萄酒产区。本区气候适宜,光照充足,年降水量600~800毫米,成熟季节雨量偏多,葡萄生长发育较好。全区有葡萄栽培面积10万余公顷。选用早、中、晚熟优良品种组合,是有发展前途的鲜食、酿酒葡萄的主要基地。烟台已被世界上誉为"国际葡萄酒城",主栽酿酒品种有法国兰、赤霞珠、蛇龙

珠、白羽、佳里酿、意斯林等,鲜食品种有葡萄园皇后、凤凰51、特早玫瑰、红双味、奥古斯特、红意大利、红地球、巨峰等。同时对无核白鸡心、奥迪亚无核、克瑞森无核和黑奇无核等比较重视,为扩大绿色食品鲜食葡萄和红葡萄酒的出口商品基地,正在积极开发。本地区年绝对低温在-15℃左右,如采用贝达、5C、5BB和SO_4等为砧木嫁接苗木,冬季简易防寒即可安全越冬。

(4)温暖区的气候特点及品种选择

①新疆哈密盆地及南疆亚区 本地区气候温和干燥,昼夜温差较大,日照充足,年降水量30～60毫米,有丰富的地下水资源,适宜葡萄栽培。过去,主栽无核白、和田红、木纳格等。今后应重点发展无核白、京早晶、无核白鸡心和碧香无核等优良制干品种,提高制干技术,扩大绿色食品鲜食和葡萄干出口基地。

②陕西关中盆地和晋南运城亚区 本地区气候适宜,全年平均气温15℃左右,降水量500～600毫米,适宜栽培的早熟品种为早乍娜、红香妃、特早玫瑰、京秀、凤凰51、奥古斯特和奥迪亚无核等,中熟品种要选里扎马特、葡萄园皇后、巨玫瑰、香红、夕阳红、无核白鸡心和黎明无核等,晚熟品种应选红高、红意大利、早甲斐路、红地球和红宝石无核、克瑞森无核和蜜丽莎秋无核等。该区已成为西北地区的绿色食品葡萄生产基地。

③京津亚区 本地区地势优越,背山环海,早春气温上升较快,夏季炎热多雨,秋季天高气爽,冬季干寒少雪,年降水量500～700毫米,多集中在7～9月份。葡萄早熟品种应以特早玫瑰、早乍娜、凤凰51、京秀、红香妃、玫瑰早、87-1、奥古斯特和奥迪亚无核、碧香无核为主,中熟品种应以巨玫瑰、香红、

香悦、玫瑰香、黑瑰香和无核白鸡心、黑奇无核为主,晚熟品种应以红地球、红高、红意大利、甲斐路、红宝石无核、秋无核、蜜丽莎无核、克瑞森无核为主。该地区年绝对低温在－18℃左右,冬季需要埋土防寒越冬。

④河北中部及南部亚区 本地区水、光、热资源丰富。全年降水量 600~700 毫米。早春温度上升较快,夏季高温多湿,雨量偏多,9~10 月份 K 值适宜。本地区年绝对低温在－15℃线以北,每年冬季葡萄需要简易防寒。过去,主栽品种为玫瑰香、龙眼、牛奶和巨峰等。今后,应注意发展优质早、中、晚熟品种,其具体品种与京、津地区基本相同。

(5)炎热区的气候特点及品种选择

①新疆吐鲁番盆地亚区 本区位于新疆东部,有名的火焰山贯穿中间,是我国著名的葡萄干生产基地。日照充足,热量极高,昼夜温差达 15℃以上,年降水量仅 18~28 毫米,病虫害极少,全年很少喷药,葡萄生产用天山雪水灌溉,是天然绿色食品葡萄干著名的生产基地。葡萄成熟后,利用自然高温晾制成干。生产的葡萄干为黄绿色,肉质饱满,外形美观,是世界上葡萄干的珍品。因此,应充分利用自然条件,积极扩大栽培面积,增加蜜丽莎无核、碧香无核、昆香无核和白鸡心等新品种,进一步提高葡萄栽培和制干技术。

②黄河故道亚区 本区是黄河泛区形成的沙荒冲积地带,是葡萄栽培有发展前途的地区,并已建成一批大型葡萄酒厂。该区气候温和,年平均气温 14℃左右,年降水量 700 毫米左右,日照充足,生长季节较长,有利于葡萄早、中、晚各种抗病品种生育。该地区选出一些适宜酿酒品种,如佳里酿、法国兰、白羽、红玫瑰等;鲜食品种有巨峰、藤稔、白香蕉、黑奥林、康贝尔和郑大无核、无核白鸡心、黎明无核等。今后,应重

点发展优质抗病品种,如早熟品种早生高墨、郑州早玉、黑奇无核、黎明无核和金星无核等,中熟品种应以巨玫瑰、香悦、香红、黑瑰香、无核白鸡心和蜜丽莎无核等为主,晚熟品种应以高妻、黑奥林、夕阳红、伊豆锦、信浓乐和克瑞森无核、红宝石无核等为主,以丰富我国中部地区的鲜食、制汁和无核品种。

(6)湿热区的气候特点及品种选择 主要指我国南方广大地区,其活动积温>4 500℃。20世纪70年代前,除庭院有零星葡萄栽培外,很少有生产性栽培。70年代后期,随着葡萄抗病、抗湿育种工作的进展和日本巨峰系品种的引进,我国利用巨峰实生选育和以巨峰为亲本与玫瑰香、紫香水芽变等四倍体品种杂交,先后育出一些大粒、抗病性强、有玫瑰香味、有发展前途的优良新品种,如巨玫瑰、夕阳红、黑瑰香、香红、香悦等四倍体品种,不但在东北、华北栽培表现较好,也适合南方湿热地区栽培。现在,上海郊区,浙江的金华、海盐、平湖、上虞,江西的南昌、德安,湖南的衡阳、怀化,江苏的无锡、张家港,广东的广州、韶关,广西的全州、桂林,福建的福州、龙岩,四川的成都,重庆市,云南的昆明、石林,贵州的余庆、毕节及海南、台湾省,都已建立面积大小不等的生产性葡萄园。多数地区因上半年阴雨天较多,光照不足,气温较高,昼夜温差较小,果实着色不佳,病虫害严重。但通过改进栽培技术,应用小拱棚和避雨棚相结合的设施栽培方式,可收到较好的效果。如早春温度低,利用小拱棚提高温度,促进发芽抽枝,后期高温多湿时,将棚下的围膜撤掉,通风降温,有利于开花、结果和减少病虫害的发生。由于采用设施栽培方法,上海郊区、广东、福建、浙江等地区不但栽培欧美杂种的巨峰、白香蕉、康太、巨玫瑰和夕阳红等品种获得了成功,而且引进欧亚种的乍娜、玫瑰香、凤凰51和无核白鸡心等品种也获得了较好的经济效益。

2. 葡萄绿色食品生产要实行标准化 商品的竞争就是质量的竞争。随着我国葡萄栽培面积的发展和消费者要求的不断提高,按 NY/T470—2001 和 NY/Y5086—2002 标准进行绿色食品葡萄生产,为市场提供优质、安全、绿色的产品,已经成为提高其市场竞争力的根本出路。因此,必须加大投入,做好进行绿色食品葡萄生产技术的研究工作,同时加大技术推广力度,使广大葡萄生产者运用先进技术按行业标准进行绿色食品葡萄的生产。

3. 葡萄品种和产品要实行多样化 随着消费者消费习惯的改变,特色化、个性化的消费也正在变为时尚。有人想吃红色的,有人想吃黄色的,有人喜欢有玫瑰香味的,有人喜欢甜味浓的,这种需求的多样化永无止境。单一品种的发展不符合消费者多样性的消费需求。因此,在葡萄的生产和布局时,应充分考虑当地的经济水平、消费习惯和市场特点,满足不同市场、不同消费者的需求,从而获得最大的经济效益。

第二章 葡萄栽培的基本知识

一、葡萄生产基地的选择

(一)选择无工矿"三废"污染的地区建园

建立葡萄生产基地,必须远离有"三废"(废水、废气、废渣)污染地区和距离主干铁路、公路2~3公里外选择园址,并对生产基地的环境条件按国家标准 GB/T 1840.2—2001 和农业行业标准 NY/T 391—2000《绿色食品产地环境技术条件》和 NY 5087—2002《无公害食品 鲜食葡萄产地环境条件》的规定执行,对土壤、空气、灌溉水都要经过当地环境质量监督检测中心进行限量指标的检测,如合格后方可施工建园。

(二)按葡萄生产技术规程管理,控制人为污染

1. 农药的污染 在葡萄生产过程中,要求科学、适时适量地防治病虫害,采用的任何防治措施都要尽量减少对环境和果实的污染,以保证食品对人们身体的安全。为了保持生态平衡和生物的多样性,减少病虫害造成的损失,要认真贯彻"以预防为主,综合防治"的植保方针,以农业防治为基础,提倡生物防治,按照病虫害的发生规律,科学的使用化学农药防治技术。并要按照国家农业行业标准 NY/T 393—2000《绿色食品农药使用准则》和 NY/T 5088—2002《无公害 鲜食葡萄生产技术规程》规定使用农药的浓度、次数和安全间隔的时期要求执行。严禁使用剧毒、高毒、高残留、有"三致"(致畸、致癌、致突变)作用和无"三证"(农药登记证、生产许可证、生产批号)的农药,以及对 2,4-D、除草醚、五氯酚钠等除草剂和

比久(B_9)、多效唑等激素禁止使用,以免给水果造成污染。提倡使用的农药主要分为:①植物源农药,如除虫菊素、鱼藤酮、烟碱等。②生物源农药,如农用抗生素类。防治真菌病害的有春雷霉素、灭瘟素、多氧霉素(多抗霉素)、农抗120、井冈霉素、中生霉素,防治螨类的农药有浏阳霉素、华光霉素等。③矿物源农药,如无机杀螨杀菌剂,其中硫制剂有石硫合剂、硫悬浮剂、可湿性硫等,铜制剂有硫酸铜、氢氧化铜、波尔多液、王铜等。使用的农药安全标准详见第九章表9-1。

2. 肥料污染 在葡萄生产过程中,必须遵照农业行业标准NY/T 394—2000《绿色食品肥料使用准则》和NY/T 496—2002《肥料合理使用准则通则》的规定,按葡萄生长发育规律,在不同物候期进行平衡施肥或配方施肥。原则上要以腐熟农家有机肥(厩肥、绿肥、泥炭肥和饼肥等)为主,化肥为辅,保持或增加土壤肥力及土壤微生物的活性。如使用商品肥料,如腐殖酸、微生物肥、复合肥等,都要有"三证",即有农业行政主管部门的登记证、生产许可证和肥料主要成分比例、使用方法的说明书,以及生产地址、批号、日期等。对农家有机肥、堆肥和不含有毒物质的城市垃圾等,都要混入堆肥里经过50℃~55℃高温发酵5~7天,以杀死各种寄生虫卵、病原菌和杂草种子,使之达到无毒化,符合肥料的卫生标准后才能应用。

肥料污染主要是不合理的施用方法和施用不合格的化肥造成的。主要有以下3个方面:①氮肥的污染。氮是植物合成氨基酸、蛋白质和叶绿素等的主要成分,氮素化肥在土壤中以硝态氮和铵态氮形式出现,植物主要吸收硝态氮,酸根离子被植物迅速同化利用,一般对人、畜不造成危害。但是,氮肥施用过多,造成土壤中硝酸盐浓度增高,在土壤微生物作用下,硝酸盐转化为亚硝酸盐,而亚硝酸盐与各种胺类化合物反应生成强致癌物质亚硝胺而造成严重污染,对人、畜危害极大。②磷肥的污染。磷是植物生殖器官中不可缺少的元素,如花粉、子房、种子形成的重要元素。但是磷肥中含有镉、氟、砷、稀土元素和三氯乙醛,如施用过多会影响植物对锌、铁元素的吸收。特别是劣质磷肥,含有大量有害的重金属,对土壤、地下水和果实都会造成严重污染,尤其是含有三氯乙醛的物质,在土壤微生物作用下,迅速转变为毒性较大的三氯乙酸,对植物危害较大,可使根系萎缩,枝叶生长不良,导致严重减产。③钾肥的污染。钾肥促进植物新梢、叶、幼果的生长。但是,施入过多氯化钾会使土壤板结,降低土壤 pH 值,使之逐渐酸化,影响植物的生长。因此,应用上述各种化学肥料都要适时、适量,才能收到较好的效果。最好采用配方施肥。否则,不但浪费人力、财物,而且还会对土壤、地下水、植物和人类造成危害。

禁止使用未经无毒化处理的城市垃圾或含有金属、橡胶、塑料等有害物质的垃圾,以及未腐熟的人、畜粪尿等肥料。

二、葡萄的生长周期

(一)葡萄的年生长周期

葡萄每年随四季气候变化,呈现出春季萌芽生枝、夏季枝叶繁茂、秋季果实累累、冬季因温度低而冬眠的现象,这样的生理变化规律,称为葡萄的年生长周期。人们把葡萄每年的周期性活动分为 6 个阶段,称为物候期,按物候期进行科学管理。

1. 树液流动期 当地温上升到一定温度时,葡萄的根系开始从土壤中吸收水分和养分,由根系输送到地上部分的过程,称为树液流动期。这时,如有新剪口或伤口,会从伤口流出无色的树液,称为"伤流"。萌芽展叶后,植株蒸发量增大,伤流停止。一般伤流时间20天左右,依葡萄种类、品种、土壤温度和水分而不同。如山葡萄根系在4.5℃～5.2℃开始吸收水分;贝达和美洲种葡萄在5℃～5.5℃,欧美杂交品种以巨峰为代表在5.5℃～6.5℃,欧亚品种葡萄以玫瑰香为代表的根系在7℃～9℃时,才能从土壤中吸收水分和养分。此时,要追施第一次速效氮肥。

2. 萌芽和新梢生长期 当平均气温达10℃左右时,葡萄就开始萌芽,至开花期止为40天左右,为萌芽和新梢生长期。由于树液营养物质进入芽内生长点,促使细胞迅速分裂,芽眼逐渐膨大使鳞片开裂,露出茸球并在顶部出现绿色或紫红色的幼嫩组织,随着嫩梢伸出。萌芽2周后,新梢生长逐渐加快,每天生长可达3～5厘米,水分充足时可达7～8厘米。一般在开花前新梢长度可达60～80厘米,为全年生长总量的60%左右。

(1) **萌芽期** 是越冬花序的原始体继续分化期,随着萌芽和新梢的生长,花序和花蕾进一步发育,花序形成各级分支轴,花蕾中的各个花器官(柱头、子房、花丝、花药、花粉)逐渐生长充实和趋向成熟,为开花做好准备。

(2) **新梢生长期** 是萌芽到开花前,为35～55天,最适宜的温度为25℃左右。在开花前新梢生长出现第一次高峰。由于器官之间对营养物质的争夺,进入开花后新梢开始缓慢生长。开花、坐果前后出现副梢,枝叶量增大,采用摘心、除副梢控制营养生长,促进浆果生长,一直到浆果着色前新梢生长速度变慢。果实采收后新梢生长进入第二次高峰,以后随着气温下降,枝条生长逐渐缓慢,直到停止生长,落叶后进入休眠期。新梢生长速度与长势强弱,是与上一年植株营养物质积累和春季肥水的管理有关。如树体营养积累较多,早春肥水供给充足,则植株萌芽率高而整齐,新梢生长粗壮,花序分化良好。新梢生长期要追施第二次复合肥。

3. 开花坐果期 从花蕾开放到幼果开始生长止,为开花坐果期。一般花期6~10天,因品种和气温不同而异,在温度为20℃~25℃的晴天,开花授粉受精最好。如花期遇阴雨、低温天气,会影响授粉受精,应采取人工辅助授粉,提高坐果率和减少大小粒现象。同一花序第一至第二个分枝花蕾先开,晴天的上午9~12时开花最盛。因开花时需要大量营养,生产上必须采取疏花序、新梢摘心、控制副梢和追施磷酸二氢钾速效肥等方法调节营养,以提高坐果率。

4. 浆果生长期 从子房开始膨大到浆果着色前为止称浆果生长期,又叫果实膨大期,应喷施1~2次磷酸二氢钾。这一时期生长天数较长,一般早熟品种为40~60天,中熟品种为61~80天,晚熟品种81天以上。坐果后3~4周,子房迅速膨大,浆果生长出现第一次高峰;种子开始发育时,浆果生长缓慢,当种子逐渐充实硬核后,浆果又开始迅速生长,此次主要是细胞体积显著增大,至着色前出现第二次生长高峰,果粒生长到正常大小。

5. 浆果成熟期 从浆果开始着色到浆果完全成熟时为止,称浆果成熟期。该期浆果体积增大不明显,主要是果内营养物质的积累和转化,含糖量迅速增加,含酸量急速减少,果粒硬度逐渐变软而有弹性,黄绿色品种开始褪绿,有色品种逐渐着色,逐渐达到该品种的固有色泽、香味、品质。种子完全长成,种皮变褐、变硬,具有发芽、生长能力。

6. 新梢成熟和落叶期 从果实采收后到落叶时止,称新梢成熟和落叶期。这个时期果实采收后要进行秋施肥,促进叶片继续进行光合作用,制造的养分集中用到枝条和冬芽上,促进成熟,提高抗性,多余的营养转送到根部贮藏起来,为越冬和明年生长、结果做好准备。因此,本阶段也要注意保护好叶片,加强防病,以利于树体营养的积累。

(二)葡萄树的生命周期

葡萄是多年生果树,一般寿命可达几十年,野生种有的达几百年。栽培品种寿命较短,多为 20~30 年,冬季寒冷地区因需下架埋土防寒,经济寿命为 10~20 年。因此,要进行枝蔓更新,延长结果盛期,才能提高经济效益。

生产栽培的葡萄枝条扦插苗或用砧木嫁接苗植株,从幼苗生长、开花结果到植株衰老死亡,称为一个生命周期。一般分为以下 5 个时期。

1. 幼年生长期 是指从 1 年生小苗栽植到开花结果为止,历时 2~3 年,称幼年生长期。这个时期树冠和根系迅速生长,叶片光合作用和根部吸收营养物质逐渐加强,植株积累的养分逐渐增多,为第一次开花结果创造条件。一般营养繁殖的苗木,即嫁接苗或扦插苗,在正常管理条件下,经 1~2 年的营养生长,枝蔓直径达 1 厘米以上时,下年即可开花结果,完成幼树营养生长阶段。

2. 初结果期 是指从首次结果到盛果期前为初结果期。此期主要特点是树冠和根系扩展较快,树形骨架基本形成,产量逐年上升。这一时期的长短与栽植密度、整形方式及地下、树上管理技术水平有关。一般葡萄初结果期为 3~4 年。

3. 盛结果期 由初结果期进入最高产量的 1/3 到产量最高峰,即以每 667 平方米产葡萄 1 500 千克计算,其产量的 1/3 则为 500 千克,延至产量下降到最高产量的 1/3 时为止,即每 667 平方米葡萄产量又降至 500 千克时为止,则称为结果盛期。此期特点是树冠最大,新梢长势和树形趋于稳定。这个时期的长短与栽培管理水平有关,不同栽培地区,不同品种及不同的生态条件都起着重要作用。在不下架防寒地区,盛果期可达 10～20 年,如加强科学管理,还可延长 10 年以上;冬季下架防寒地区,其盛果期一般为 15～20 年。这个时期的栽培特点,应以多施农家有机肥为主,适时地加强肥水和病虫害管理,对结果枝组和主、侧蔓要及时更新、修剪,做好保花保果和疏花疏果,达到因树因枝定产,合理地调整负载量,提高浆果质量,使生长、成花与结果达到稳定平衡状态,以延长盛果期年限,增加经济效益。

4. 结果后期 是产量下降到不足最高产量的 1/3,即每 667 平方米产量不到 500 千克,至无经济效益时止。其树的特点是,树冠顶部和外围的新梢生长量越来越小,衰弱收缩,成花多但坐果少。又由于根系衰弱吸收能力差,养分消耗多,树体积累营养物质少,树势明显转弱。此时,可采用压蔓更新根系和重剪回缩树冠,利用萌蘖更新主、侧蔓和结果枝组,利用新枝增加营养生长,控制产量,延长经济效益年限。

5. 衰老期 植株生长量很小,产量很低,几乎无经济效益。其特点是,树冠残缺不全,枯枝越来越多,新梢极度衰弱,已无更新希望。这时要拔除植株,种植豆科作物 2～3 年后,重新挖定植沟,施肥改土后再进行定植。

三、葡萄对生态环境条件的要求

(一) 温 度

葡萄各个种群及品种在生长各个时期对温度要求是不同的。例如欧亚品种玫瑰香(自根苗),在早春平均气温 10℃以上,地下 20～30 厘米土温达 6℃～10℃时,葡萄根系开始吸收水分,枝蔓伤口出现伤流;当地温达 12℃～16℃时,栽培品种根部开始生长,地上部开始萌芽抽枝,最适宜根系生长的温度为 20℃～25℃,超过 28℃根系生长受到抑制而迅速木栓化或死亡。随气温的增高,萌芽后的新梢加速生长,最适宜新梢生长和花芽分化的温度为 25℃～30℃,气温低于 14℃时不利于开花和授粉。果实成熟期最适宜的气温是 28℃～32℃,如气温低于 16℃或超过 38℃对浆果生长发育和成熟均不利,将使品质下降。不同成熟期的品种,要求的从萌芽到果实成熟的有效积温数量也不同。如极早熟品种,以莎巴珍珠、早乍娜(90-1)、玫瑰早和特早玫瑰为代表,所需要的有效积温为 2 100℃～2 500℃,从萌芽到浆果成熟所需生长天数＜110 天;早熟品种,以乍娜、红香妃、京秀、奥古斯特、凤凰 51 为代表,所需要的有效活动积温 2 500℃～2 900℃,浆果生长天数为 111～140 天;中熟品种,以巨峰、藤稔、玫瑰香、里扎马特、巨玫瑰、香红为代表,需要有效活动积温 2 900℃～3 300℃,浆果生长天数 141～150 天;晚熟品种,以红地球、夕阳红、达米娜、美人指、红意大利为代表,需要有效活动积温 3 300℃～3 700℃,浆果生长天数为 151～180 天;极晚熟品种,以甲斐路、秋红和龙眼为代表,需要有效积温＞3 700℃,浆果生长的天数为 180 天以上。葡萄对有效活动积温要求比较敏感,若达到积温指标,则果实成熟良好,色泽鲜艳,含糖量高、香味浓、品质优良。有效积温不足,则浆果含糖量低、味酸、皮厚、香味淡、品质下降。所以,各地区要根据当地的有效活动积温总量选用适宜的葡萄优良品种。

欧亚品种葡萄生长期要求当平均气温达到 7℃～10℃时,开始萌芽抽枝,新梢生长最适宜的温度为 20℃～30℃,最高限制温度为35℃,达38℃以上时叶片变黄而脱落,果实日灼。早春芽眼膨大尚未萌发时,能耐-2.5℃~-4℃,萌芽后的新梢、花序在0℃以下时即会受冻,秋天叶片可耐-1℃,未成熟的浆果能耐-2℃,完全成熟的浆果能耐-4℃,未休眠的冬芽可耐-2℃~-3℃。休眠期葡萄根系对温度较敏感,欧亚品种在-5℃受冻致死,枝芽可耐-16℃~-18℃;美洲种和欧美杂交种在气温达8℃以上时就开始萌芽、抽枝,其根系在-5℃~-7℃受冻,枝芽能忍受-18℃~-20℃。美洲种的根系均在-7℃~-9℃时受冻,枝芽可耐-18℃~-22℃;贝达(美洲种与河岸葡萄杂交种)根系在-12℃受冻,枝芽能耐-30℃;山欧杂交种的北醇、公酿的根系在-11℃受冻,枝芽能耐-30℃;山葡萄根系能忍受-15℃~-16℃,枝芽可耐-30℃~-40℃。

(二)水 分

水分是葡萄植株各器官组织的重要组成成分,一般葡萄浆果含水80%,叶片含水70%,枝蔓、根含水50%左右。水直接参与有机物的合成和分解,以及各种生理和化学的变化。葡萄植株的水分主要来源于根系从土壤中吸收,极少由叶片从空气或叶面上吸取。所以,葡萄根系吸收水分的多少,对植株生长与结果有直接影响。如土壤水分充足,则发芽整齐,新梢生长速度快,果粒大。但是,若土壤水分过多,会使植株徒长、组织脆嫩、抗性差,还会引起土壤中缺氧,根系吸收功能减弱,甚至使根系窒息而死亡。如空气干旱,土壤缺水,则枝叶生长量减少,易引起落花落果,影响浆果膨大,使品质下降。在久旱逢雨时,葡萄根系大量吸水,浆果迅速膨大,果皮因压力过大易发生裂果。因此,葡萄园要根据土壤干湿情况适时适量地灌水与排水,使土壤水分保持相对稳定。

(三)光　照

太阳光照是葡萄生命活动中的主要能源,有了阳光植物才能进行光合作用,制造有机化合物。葡萄是喜光植物,对光的反应敏感。光量的强弱、多少直接影响葡萄组织和器官的分化及生长、发育。光照充足时,浆果产量高,色泽好,品质优。光照不足时,植株细弱,叶色变浅,花序瘦小,花器官分化不良,落花落果,产量低,品质差,有机养分积累少,枝芽成熟度差,易受冻害,且影响次年的植株生长和结果。因此,在夏季枝叶管理时应注意太阳光能的利用,既要注意充分利用直射光,也要利用阳光照射在地面及前后左右物质的反射光。一般太阳光是以电磁波形式投向地球表面的辐射线,其波长为380～760纳米,光照强度为5万～6万勒克斯,成熟叶片的光补偿点为0.1万～0.2万勒克斯。所以,科学的管理应使树冠的叶幕层薄厚和稀疏合理,树冠上下及两侧的叶片均能得到充足的光照,进行光合作用,制造和积累更多的有机物质,供葡萄植株生长与结果所用。有条件的果园,在葡萄着色期可在地上铺反光膜,对促进浆果着色和提高含糖量有较好的效果。

(四)土　壤

葡萄对土壤的适应性较强,除了重盐碱地、沼泽地及重黏土的土壤必须经过改良后应用外,其余各类土壤营养丰富,均可直接栽培葡萄。但是,葡萄在不同的土壤里,其生长势、产量、风味和品质等方面都有明显的差异。地下水位在地表下1～4米深,灌、排通畅,肥沃的砂壤土较适宜葡萄生长。其他各类土壤,需要通过农业工程及增施有机肥料进行土壤改良后再栽植葡萄。如辽宁盘锦地区大洼县属滨海盐碱土,pH值为7上下,含盐量达0.5%左右,经过采取挖沟台田、灌水洗盐、增施有机肥和掺沙等项措施,经 2～3 年后土壤盐分降到 0.2%以下,栽培葡萄成活良好,获得了较好的经济效益。

第三章 葡萄优良品种及抗性砧木选择

全国各个地区发展葡萄生产,一定要根据当地的地理位置、气候条件、交通状况、栽培目的和市场需求,选择葡萄果穗大小适中、粒大整齐、色泽鲜艳、肉质细脆、香甜适口、抗逆性强、丰产和较耐贮运的早、中、晚熟的鲜食、酿酒、制汁和制干等品种;因地制宜地确定嫁接品种与砧木组合进行育苗,建立葡萄鲜食、酿酒、制汁和制干等生产与加工的基地。

一、按我国葡萄栽培区划选择主栽品种

(一)有核鲜食品种

有核品种应选粒重6克以上的品种,按果实成熟时间分为早、中、晚品种。生产上的品种,是从萌芽到果实完全成熟需要不足110天的为极早熟品种;111~130天的为早熟品种;131~150天的为中熟品种;151~170天的为晚熟品种;170天以上的为极晚熟品种。现按顺序简介如下。

1. 红旗特早玫瑰(Hong qi te zao mei gui) 欧亚种。山东平度市红旗园艺场在玫瑰香葡萄园发现的极早熟芽变单株,其早熟、大粒、硬肉的优良性状稳定。2001年7月由青岛市科委组织国内葡萄专家鉴定并命名。目前已在东北、华北和西北等地引种试栽,均表现较好。

植株早春嫩梢、幼叶绿色略带紫红色,较光亮无茸毛;成叶中大,心脏形,有5个裂片,上裂刻中深,下裂刻浅,叶缘锯齿较钝;成熟枝条红褐色,节间中长,果穗多着生在第四至第五节上。

果穗圆锥形,有副穗,平均穗重550克,最大穗重1 500克;果粒近圆形,着生紧密,与凤凰51品种果实形状相似;果顶有3~4条沟纹,疏果后自然果粒平均重6.5克,最大粒重8.5克;果皮紫红色,着色快,果肉细致稍脆,硬度适中,有玫瑰香味,含可溶性固形物15%以上,酸甜适口,品质极佳。果粒着生牢固,不落粒,耐贮运性强。采前保持土壤水分稳定,防止裂果。

植株长势中庸,芽眼萌发率75%以上,结果枝率80%左右,其中双穗率占70%以上,副梢结果能力强。丰产。

在辽宁兴城,于7月中旬着色,7月下旬浆果成熟;从萌芽到果实成熟为90天左右,比87-1、乍娜早熟5~7天,属极早熟品种。该品种适应性强,较耐干旱、瘠薄,抗病性和抗寒性均较强。适宜小棚架或"T"字形架栽培和中、短梢混合修剪。夏季管理与乍娜相同。

2. 87-1(暂定名) 欧亚种。是近年从辽宁省鞍山市郊区的玫瑰香葡萄园中发现的极早熟、优质、丰产的芽变单株。现在东北、华北各省的露地及保护地栽培表现较好。

早春新梢绿色,阳面呈紫红色,幼叶表面光亮无毛,淡紫红色。成叶中大,心脏形,有5裂刻,上裂深,下裂中深,叶面光滑无毛。老叶略向背面卷曲,叶缘锯齿较锐。两性花。

自然果穗圆锥形,平均穗重520克,最大穗达750克。果粒着生中密,短椭圆形;稀果后,平均粒重6.5克,最大8克。果皮中厚,紫红至紫黑色,果肉细致稍脆,汁中味甜。含可溶性固形物15%~16.5%。有浓玫瑰香味,品质极佳。果实耐贮运。

植株长势、抗逆性以及果粒形状均与玫瑰香品种相似。结果枝率68%;较丰产,副梢结果能力强。

在辽宁兴城地区,4月下旬萌芽,5月中旬开花,7月下旬至8月上旬果实成熟。从萌芽到果实成熟100天左右。成熟后延迟采收,无落粒、裂果现象。近年来,除露地栽培外,还在日光温室、塑料大棚里栽培,提早到5月下旬至6月上旬成熟,经济效益较高。

3. 玫瑰早(Mei gui zao) 欧亚种。是河北科技师范学院与河北昌黎凤凰山葡萄研究中心合作,在1991年以乍娜为母本,郑州早红(玫瑰香×莎巴珍珠)为父本杂交育成。经过露地与温室的试栽观察,其生长结果表现都超过双亲,达到选育葡萄极早熟新品种的目标。2001年7月25日通过省品种鉴定,现已向华北、东北等地区推广。

早春嫩梢及幼叶为黄绿色,较薄,表面有光泽,叶背有少量茸毛。成叶心脏形,中等大,深绿色,平展,叶缘多呈波状。有3~5个裂片,上裂刻中深,下裂刻浅,叶缘锯齿双侧直,较锐,叶柄洼为宽拱形。两性花。成熟枝条扁圆形,暗红色。

自然果穗圆锥形,有歧肩,平均穗重650克,最大达1630克;果粒着生较紧,大小整齐;果粒圆形,果顶似乍娜有3~4条浅沟纹,平均粒重7.5克,最大达12克;果皮紫黑色,皮厚中等,果粉薄;果肉质地细致,较脆。含可溶性固形物18.2%。甜酸适口,有浓玫瑰香味,品质极佳。不裂果、不落粒,耐贮运。

植株长势中等偏强,结果枝率为75.5%,极丰产,但每667平方米产量控制在1500~1800千克为宜。抗逆性强于双亲。在河北昌黎地区,4月中旬萌芽,5月下旬开花,7月下旬浆果成熟。比早熟品种凤凰51和乍娜早7~10天成熟。从萌芽到浆果成熟需要95天左右。属极早熟品种。

4. 京秀(Jing xiu) 欧亚种。是中国科学院北京植物园

1981年用潘诺尼亚与60-3(玫瑰香×红无籽露)杂交育成的早熟品种。1994年通过品种鉴定。在华北、东北、西北等地区均有较多栽培。在露地与设施栽培中生长、结果表现较好。

早春嫩梢黄绿色,无茸毛。幼叶较薄,无茸毛,阳面略有紫色,有光泽。成叶中大,心脏形,绿色,中厚,叶缘锯齿较锐,有5个裂片,上裂刻深,下裂刻浅。叶柄洼多为拱形。秋叶呈紫红色。两性花。

自然果穗圆锥形,平均重450克,最大达800克以上。果粒着生紧密,椭圆形,稀粒后果粒平均重6.5克,最大11克;果皮紫红色,肉质硬脆,味甜多汁。含可溶性固形物15%~17.5%,含酸量为0.46%。有玫瑰香味,品质极佳。

在北京、兴城地区萌芽期分别为4月下旬和5月上旬,开花期为5月下旬和6月上旬,果实成熟期为7月下旬和8月上旬。比乍娜提早7天成熟。从萌芽到果实成熟需110天左右。成熟后可延迟到国庆节时采收,不落粒,果肉仍然硬脆,品质更佳。北京保护地栽培,果实在6月中旬成熟。果刷长,果实牢固,耐贮运性强。

植株长势较强,结果枝率58.6%,丰产。抗病力较强,适于我国西北、华北及东北地区发展。适宜小棚架或篱架栽培,以采用扇型树形或双龙蔓树形整枝和中短梢混合修剪为宜。加强夏季管理,将过多、过小的花序及时疏剪。每667平方米产量控制在1 500千克左右,才能保持连年优质、丰产的目标。

5. 凤凰51号(Feng huang 51号) 欧亚种。是大连市农科所1975年用白玫瑰与绯红(乍娜)杂交育成的新品种。1988年通过大连市品种审定。现在东北、华北、西北等地区露地及保护地栽培,生长、结果表现良好。

早春嫩梢绿色,略带紫红色,密生灰白色茸毛,新梢生长弱,常分化双头枝是其特征。幼叶较厚,深绿色,稍带浅紫褐色,有中密茸毛。成叶中大,深绿色,心脏形,较厚,有5个裂片,裂刻均深,叶面无光泽,较平展;叶缘略向上翘,叶背密生灰白色茸毛,叶缘锯齿较钝,叶柄洼呈椭圆形。两性花。

自然果穗圆锥形,有歧肩,平均重462克,最大果穗1 000克以上。坐果率高,果粒着生紧密;果粒近圆形,果顶有3～4条浅沟纹,稀疏后,果粒平均重7.5克,最大粒重12.5克。果皮紫红色,较薄。果肉细致较脆,汁多,有浓玫瑰香味。含可溶性固形物15.5%,含酸0.55%。品质极佳。果实不落粒、无裂果,耐贮运性较强。

在辽宁兴城地区,5月上旬萌芽,6月中旬开花,8月上旬浆果成熟。从萌芽到果实成熟需要105天。有效积温2 124℃左右,属极早熟品种。

植株长势中等偏强,1年生枝条较直立,结果枝率58.8%,芽眼萌发率和结实力均高,丰产。适宜小棚架、篱架栽培和扇型或双龙蔓型树形。以采用中、短梢混合修剪为宜。春夏季管理,要及时抹芽、定枝和摘心。

每667平方米产量控制在1 500千克左右为宜。要求早疏花序、修穗、稀粒,以保持连年优质、丰产。采收前注意调节土壤水分,防止裂果。

6.90-1 1990年河南省洛阳农业高等专业学校从乍娜葡萄树上发现的早熟芽变,代号为90-1,群众称做早乍娜。经过转接和扦插繁殖的苗木进行的品种比较和区域试验证明,90-1早熟性状稳定,比普通乍娜提早成熟10天左右。2001年6月通过河南省品种鉴定。现已在河南、河北、山东、辽宁、天津等省、市推广。

早春嫩梢绿色,带有紫红条纹和稀疏的茸毛。幼叶紫红色,有光泽,叶的正反面都有稀疏的茸毛。成叶中大,心脏形,绿色,有 5 个裂片,上裂刻深,下裂刻浅;叶面无茸毛,叶背有稀疏茸毛,锯齿较大而中锐。叶柄洼拱形。两性花。

果穗圆锥形,平均穗重 500 克,最大可达 1 100 克,果粒着生中密。果粒近圆形,顶部有 3~4 条纵向浅沟纹。疏果后,平均粒重 8.5 克,最大达 15 克。果皮红紫色,中等厚,果粉薄,果肉硬脆,含可溶性固形物 13.5%。每果粒含种子 2~4 粒,果肉与种子易分离,味清香适口,品质佳。耐贮运。

植株长势较强,芽眼萌发率平均达 71.6%,结果枝率 52.3%。花序多着生在果枝的 3~5 节,副梢易结果,早果性强,丰产。抗逆性中等。

在河南洛阳和天津南郊地区,4 月中旬萌芽,5 月中下旬开花,7 月上旬果实成熟,从萌芽至果实成熟需要 75~80 天,比普通乍娜提早 10 天成熟。属极早熟品种。

该品种适宜多主蔓自由扇型的篱架栽培和中短梢混合修剪。成熟期控制土壤水分,防止采前裂果。其他管理与乍娜相同。

7. 红香妃和香妃(Hong xiang fei) 红香妃是 1996 年中国农业科学院果树研究所在引入北京市林果研究所新育出的香妃〔(玫瑰香×莎巴珍珠)×绯红〕苗中发现的一株红色芽变。经过高接和扦插的苗木已结果,芽变的红色性状稳定。经有关专家品评鉴定,认为果实的品质、丰产性、抗逆性均与香妃相近。已在辽宁、河北、山东、北京等地推广,表现较好。

早春新梢、幼叶浅红色,密生黄色茸毛。成叶中大,心脏形,叶色绿,比香妃略深,中等厚,5 个裂片,上裂刻深,下裂刻中深,上下裂刻均比香妃略深;叶缘双锯齿,齿尖较锐,叶背茸毛较香妃多,叶柄洼窄拱形。两性花。

自然果穗圆锥形,平均450克,最大穗重520克,果粒着生中等紧密;果粒近圆形,稀果后平均粒重7.8克,最大粒重9.6克;果皮鲜紫红色,果粉较薄,皮薄肉脆,有浓玫瑰香味。含可溶性固形物15.2%,含酸0.45%,酸甜适口,品质极佳。

植株长势中庸,萌芽率较高(为75%左右),结果枝率62%。副芽及副梢结实力均较强,丰产。

在辽宁兴城,5月上旬萌芽,6月上旬开花,8月上旬浆果成熟,从萌芽至果实成熟需要110天左右。要及时疏穗、稀粒,每667平方米产量控制在1500千克左右为宜。采收前注意调整土壤水分,防止裂果。是适于设施栽培的优良品种。

8. 奥古斯特(Augusta) 欧亚种。是罗马尼亚用黄意大利和葡萄园皇后杂交育成的二倍体新品种。1996年引入我国。经河北、辽宁、山东等地试栽,表现较好。

早春嫩梢绿色,带紫红色,有稀疏茸毛,幼叶黄绿色略带紫红色,叶面有光泽,叶背有稀疏茸毛;成叶中大,中等厚,心脏形,3~5裂,上裂刻中深,下裂刻深,叶缘锯齿大而锐,叶主脉和叶柄均为紫红色,叶柄洼开张拱形。两性花。

自然果穗圆锥形,平均重580克,最大穗重1500克。果粒着生紧密,呈短椭圆形,稀果后,平均粒重7.5克,最大粒重10.5克。果皮绿黄色,果皮中等厚,果粉薄,果肉硬而脆,稍有玫瑰香味,果肉与种子易分离,含可溶性固形物15.5%,含酸0.43%,香甜适口,品质佳。

植株长势强,枝条成熟好。结果枝率达55%以上,丰产。副梢结实力强,二次结果9月下旬成熟,品质佳。

在辽宁兴城地区,5月上旬萌芽,6月上旬开花,8月上旬浆果成熟。在日光温室,6月上旬果实即可成熟上市。从萌芽到浆果成熟为100天左右。

该品种结果早,2年生树株产高达5.2千克。抗病性较强,抗寒力中等。不易脱粒。耐运输。

9. 郑州早玉(Zheng zhou zao yu) 欧亚种。1964年中国农科院郑州果树研究所用葡萄园皇后与意大利杂交,经20多年的区试育成的早熟大粒鲜食品种。在郑州地区表现较好。

早春嫩梢幼叶紫红色,上表面有光泽,下表面有稀疏茸毛。成叶中大,近圆形,绿色,较平展。叶缘略上卷,5裂,裂刻深。叶柄洼宽拱形。叶背有中密直立茸毛。两性花。

果穗圆锥形,平均穗重436.5克,最大穗重1050克。果粒着生紧密,果粒椭圆形。稀果后,平均粒重6.5克,最大达13克。浆果绿黄色,充分成熟时金黄色,透明,皮薄肉脆。含可溶性固形物为15.5%～16.5%。味甜爽口,稍有玫瑰香味,品质佳。

树势中等,芽眼萌发率90%以上,结果枝率70%。副芽结实力强,早果性强。丰产。

在河南郑州地区,4月上旬萌芽,5月上中旬开花,7月上中旬成熟。从萌芽到浆果成熟需要95天。需有效积温为2158℃。属极早熟品种。成熟时应保持土壤湿度稳定,及时排水,防止裂果。

10. 玫瑰紫(Mei gui zi) 属欧亚种。是玫瑰早姐妹系。经过露地与温室栽培观察,生长、结果表现较好。2001年7月通过品种鉴定和命名。

早春嫩梢幼叶为黄绿色,较薄,略带浅红色晕,叶表光亮无毛;成叶深绿色,中大,较平展,有3～5个裂片,裂刻中深,叶缘锯齿较钝,叶柄洼宽拱形。两性花。

自然果穗圆锥形,有歧肩,果粒着生较紧,平均穗重550克,最大穗重达1 250克;果粒近圆形,果顶似乍娜有3~4条浅沟纹,平均粒重8.5克,最大粒重达13克;果皮紫红色,中厚,果粉薄,果肉细致较脆,有玫瑰香味,含可溶性固形物17.5%,酸甜适口,品质佳。

植株长势中庸,结果枝率91%,坐果率为64.2%,丰产。抗逆性与父本相似,较抗霜霉病。在河北昌黎地区,4月中旬萌芽,5月下旬开花,7月中旬果实成熟,比乍娜、凤凰51早5~7天成熟。从萌芽到果实成熟为90天左右,属极早熟品种。

11. 红双味(Hong shuang wei) 山东酿酒葡萄研究所用葡萄园皇后与红香蕉(玫瑰香×白香蕉)杂交育成。1994年通过省级品种鉴定。

自然果穗圆锥形,平均穗重506克,最大穗重608克。果粒着生紧密,成熟一致。果粒椭圆形,稀果后平均粒重6.2克,最大粒重7.5克。果皮紫红色,果粉中厚,肉软多汁。果实成熟前期以香蕉味为主,后期以玫瑰香味为主。含可溶性固形物17.5%~21%。品质佳。

植株长势中等,萌芽率70%以上,结果枝率62%。副梢结果力强,抗病力也较强,丰产。在山东省济南地区,4月初萌芽,7月上中旬成熟,生长天数110天左右,需有效积温2 200℃~2 400℃。是极早熟优良品种之一。

12. 乍娜(Zana) 欧亚种。又称绯红。美国用粉红葡萄和瑞必尔杂交育成。我国在1975年引入。是全国各葡萄产区露地和保护地栽培的主要早熟优良品种之一。

自然果穗圆锥形,平均穗重850克,最大达1 100克。果粒着生中密。果粒近圆形,果顶部有3~4条浅沟纹,平均粒重 9 克,最大达 14 克。果皮紫红色,中等厚,果粉薄。肉质细脆,清甜,微有玫瑰香味。含糖 16.8%,含酸 0.45%。品质中上等。果实耐贮运,贮后香味加浓。

该品种对黑痘病、霜霉病抗性较弱,适于干旱少雨地区栽培,我国华北、西北和东北地区栽培较多。较适于保护地栽培。注意预防早、晚霜害。枝条成熟度差,应在 7～8 月份结合防病加 0.3%磷酸二氢钾进行 3～5 次叶面喷肥,并加强夏季修剪和控制产量(1 200～1 500 千克/667 平方米),促进新梢成熟。

辽宁省兴城地区 5 月上旬发芽,6 月中旬开花,7 月上旬着色,8 月中旬果实成熟。从萌芽到浆果成熟需 105 天左右,需有效积温 2 250℃左右。该品种结果枝率 56%,丰产。采收前应保持土壤水分相对稳定,防止裂果。乍娜是早熟、大粒、脆肉育种的优良种质资源。

13. 京玉(Jing yu) 欧亚种。由中国科学院北京植物园用意大利与葡萄园皇后杂交育成。1992 年通过专家鉴定。

果穗圆锥形,平均穗重 684.7 克,最大穗重 1 400 克。果粒着生中密,椭圆形,稀果后,平均粒重 6.5 克,最大粒重 8 克。绿黄色,皮中厚,肉质硬而脆,汁多,微有玫瑰香味,酸甜适口。种子少而小。含可溶性固形物 13%～16%,含酸量 0.48%～0.55%。品质佳。

在北京地区,4 月中旬萌芽,5 月下旬开花,8 月上旬果实成熟。从萌芽到果实成熟为 110 天左右。坐果率高,无裂果,不脱粒。较耐干旱。对霜霉病、白腐病抗性较强,易染炭疽病。果实较耐运输。是早熟、大粒、黄绿色、较抗病的优良品种之一。

14. 里扎马特(Rizamat) 又称玫瑰牛奶。属欧亚种。

二倍体。是前苏联用可口甘与匹尔干斯基杂交育成。我国于20世纪70年代从日本引入。在我国华北、西北、东北等葡萄产区均有栽培,生长、结果表现较好。

自然果穗圆锥形,支穗多,较松散,平均穗重1 000～1 500克,最大穗重1 800克。果粒长圆柱形或牛奶头形,平均粒重12克,最大粒重超过20克。果皮玫瑰红色。皮薄肉脆,清香味甜,含糖10.2%,含酸0.57%。在华北干旱地区含糖达16.5%以上。该品种的特征是肉中有白色维管束。有种子2～3粒。品质佳。较耐贮藏和运输。

辽宁省兴城地区,5月上旬萌芽,6月中旬开花,8月中下旬浆果成熟,一般比巨峰早熟20天左右。从萌芽到果实成熟需120天左右,需有效积温约2 600℃。

抗病性中等,易感白腐病和霜霉病。适于以棚架栽培和中长梢为主的修剪方法。夏季适当多保留叶片,防止果实日灼。8月份后每隔10天喷1次0.3%磷酸二氢钾,根施钙、镁、磷肥,以促进果实和枝条成熟。

15. 藤稔(Fujiminori) 欧美杂交种。四倍体。是日本用井川682×先锋育成。我国于1986年引入。全国各地栽培较多,表现较好。

自然果穗圆锥形,平均重450克,果粒着生较紧密。果粒大,整齐,椭圆形,平均粒重15克,最大粒重28克。果皮中等厚,紫黑色,果粉极少。肉质较软,味甜多汁,有草莓香味,含糖17%。品质上等。

在辽宁省兴城地区,5月上旬萌芽,6月上旬开花,7月上中旬着色,8月上中旬果实成熟。从萌芽到浆果成熟需120天左右。浆果比巨峰早熟10天左右。结果枝率高达70%以上,极丰产。浆果成熟一致。

对黑痘病、霜霉病、白腐病的抗性较强。栽培管理与巨峰相同。果实较耐运输。果实可延迟到10月上旬采收,无脱粒和裂果现象,较适于露地、庭院和盆中栽培。注意疏剪花序和果粒,每667平方米产量以控制在2 000千克左右为宜。在北方采用贝达、山河系砧木,南方采用SO_4、5BB砧木,能增强抗性及长势。

16. 巨峰(Kyoho) 欧美杂交种。四倍体。日本的主栽品种。1937年大井上康用石原早生(康拜尔大粒芽变)×森田尼杂交育成。我国1958年引入。全国南北方各省、市都有栽培。

自然果穗圆锥形,平均穗重550克,最大穗重1 250克,果粒着生中等紧密。果粒椭圆形,稀果后,平均粒重10克,最大粒重15克。果皮中等厚,紫黑色,果粉中等厚,果刷较短。果肉有肉囊,肉质硬度适中,有草莓香味,味甜多汁,含可溶性固形物17%～19%。适时采收品质上等。

在辽宁省西部,5月上旬萌芽,6月中旬开花,8月中旬着色,9月上中旬果实成熟。从萌芽到浆果成熟需135天左右,有效积温2 800℃左右。结果枝率68%,副梢结实力强,丰产,但每667平方米产量应控制在1 500～2 000千克为宜。运输易落粒。

对黑痘病、霜霉病抗性较强,对灰霉病及穗轴褐枯病抗性较弱,抗寒力中等。适于小棚架栽培和中短梢修剪。对肥水和夏季修剪要求较高。结果新梢在花前10天喷施0.2%硼肥,花前3～5天在花序上留5～6片叶摘心,疏去过多花序和果粒,花期应控制灌水,花后应增施磷、钾肥和新梢适时摘心,对提高坐果率和促进花芽分化有显著效果。巨峰是大粒、紫黑色、有草莓香味的抗性育种宝贵的种质资源。

17. 玫瑰香（Muscat Hamburg） 又称紫玫瑰。欧亚种。二倍体。由英国用黑汉与白玫瑰杂交育成，1900年引入我国。在沈阳、山东有四倍体大粒芽变系栽培。是我国许多葡萄产区的主栽品种。

自然果穗圆锥形，平均穗重350克，最大穗重820克，果粒着生中密或紧密。果粒卵圆形，稀果后，平均粒重6.2克，最大粒重7.5克。果皮中等厚，紫红或紫黑色，果粉较厚，肉质稍脆多汁，有浓郁的玫瑰香味。含糖18%～20%，含酸0.5%～0.7%，香甜适口，品质极佳。出汁率76%以上。

树势中等，结果枝占47%。在充分成熟的结果母枝上，从基部起1～5芽都能发出结果枝，每个结果枝大多着生2个花序，较丰产。每667平方米应控制在1500千克。副梢结实力强，可利用其多次结果。在辽西地区充分成熟时正值国庆、中秋佳节，鲜果上市经济效益较好。

浆果耐贮藏与运输，对白腐病、黑痘病抗性中等，抗寒力中等。

在辽宁省兴城地区，5月上旬发芽，6月中旬开花，8月中旬着色，9月中下旬果实成熟。从萌芽到浆果成熟需140天左右，有效积温2800℃左右。是我国鲜食及酿酒葡萄的主要中晚熟优良品种，也是葡萄杂交育种玫瑰香味传递的宝贵种质资源。

18. 吉香（Ji xiang） 欧美杂交种。是吉林市龙潭乡在白香蕉葡萄园中发现的大粒早熟芽变。1974年经吉林省农作物品种审定委员会审定并定名。现在南方栽培较多。

自然果穗圆柱形，有副穗，平均穗重618克，最大穗重1250克，果粒着生紧密；果粒短椭圆形，平均粒重9.2克，最大粒重12.9克，比白香蕉粒重3克。果皮黄绿色，果肉稍硬，味甜多汁,含可溶性固形物 16.2%。有浓香蕉味,种子小而少,有 50%无核,是无核处理的优良品种。品质上等。无裂果,不落粒。较耐运输。

植株长势中强。在吉林市郊区 5 月上旬萌芽,6 月上中旬开花,9 月上中旬果实成熟,从萌芽至浆果成熟需 125 天,需有效积温 2 800℃左右。在福建省的福州地区生长、结果表现较好,在 7 月下旬成熟,比白香蕉早熟 7～10 天,为中熟品种。丰产。抗逆性强,抗寒、耐湿、抗病力均强。是有发展前途的味香甜的优良鲜食品种。在我国南北方均宜栽培。

19. 巨玫瑰(Ju mei gui) 属欧美杂交种。四倍体。是大连农科院 1993 年用沈阳玫瑰×巨峰杂交育成。2002 年通过专家鉴定。已在辽宁、山东、河北等地区进行推广,生长及结果表现较好。

自然果穗圆锥形,有副穗,平均重 514 克,最大穗重 800 克。果粒着生中密。果粒椭圆形,平均粒重 9 克,最大粒重 15 克,果粒整齐。果皮紫红色,中等厚,果粉较薄,肉质稍脆,味浓甜多汁,含可溶性固形物 19%～23%,有浓玫瑰香味,品质极佳。果实种子少。较耐贮运。

植株长势强,枝条成熟良好,芽眼萌发率 82.7%,结果枝率 69.6%。定植后第二年开始结果,第三年丰产,每 667 平方米产量可达 2 000 千克左右。无裂果,不落粒。对黑痘病、炭疽病、白腐病和霜霉病等有较强的抗性。

在辽宁大连和兴城地区,4 月中下旬萌芽,6 月中下旬开花,9 月上中旬果实成熟。从萌芽到果实成熟需要 142 天左右,需有效积温 3 200℃左右。为中晚熟优良新品种。

适于小棚架和双龙干型树形栽培。冬剪时,应行中短梢修剪。注意修穗、稀粒,每 667 平方米产量应控制在 2 000 千克左右为宜。

20. 甜 峰(Tian feng) 欧美杂交种。是吉林省农业科学院果树研究所在巨峰品种自然实生苗中选育的品种。1988年通过省级品种审定。全国重点葡萄产区都在试栽,吉林地区已大量推广。

果穗圆锥形,有副穗,果粒着生较疏松,平均穗重420克,最大穗重620克。果粒近圆形,平均粒重8.5克,最大粒重15克。果皮薄,紫黑色,果粉中等。果肉与种子易分离,种子少,每果粒含种子1~2粒。肉质较脆,味甜爽口,有草莓香味,品质佳。含可溶性固形物16%。果刷长,不脱粒是其优点。

在吉林省公主岭地区,5月上旬萌芽,6月中旬开花,8月中旬着色,9月上中旬浆果成熟。着色整齐一致。从萌芽到浆果成熟约130天,需有效积温2 688.6℃左右。结果枝占72.2%,每个结果枝平均着生果穗1.53个,丰产。每667平方米产量以控制在2 000千克上下为宜。

抗逆性较强,对黑痘病、炭疽病有较强的抗性。多雨年份较易感霜霉病、白粉病,应注意防治。抗寒力与巨峰相似,在北方用抗寒砧木嫁接的嫁接苗,可减少1/3防寒土,能安全越冬。

21. 香 红(Xiang Hong) 欧美杂交种。四倍体。辽宁省园艺研究所2000年在辽西推广试栽,经观察该品种适应性强,生长与结果表现较好。

早春新梢黄褐色,阳面附暗紫红色,幼叶黄红色,叶背着生中密灰白色茸毛,叶面茸毛较少;成叶大而厚,心脏形,有5裂,裂刻浅,叶缘锯齿双侧凸,锯齿较钝,叶面深绿,叶背有中密白色茸毛;叶柄中长,黄绿色,叶柄洼窄拱形。两性花。

自然果穗圆锥形,平均穗重580克,最大穗重1 200克,果粒着生较紧密;果粒近圆形,平均粒重10.5克,最大粒重达14.6克。果皮红色至暗红色,果肉稍硬,质细偏脆,味甜多汁,有浓玫瑰香味,含可溶性固形物16.2%。品质极上等。

植株长势强,早果性好,结果枝率达75%,坐果率较高,丰产。在辽宁兴城与沈阳地区,萌芽期分别为4月下旬和5月上旬,6月上中旬开花,9月上中旬果实成熟,果实发育期为130天左右。该品种的栽培技术与巨峰等欧美杂交种相同。果实不裂果,不落粒,较耐贮运。是我国南北方均可栽培的肉质较硬、有浓玫瑰香味、大粒的优良新品种。

22. 红高(Benitaka) 欧亚种。1988年日本在意大利品种上发现的红色芽变,比红意大利果大色艳。1998年发表,我国2000年引入。经山东平度、江苏张家港及辽宁西部地区栽培,生长、结果表现较好。

早春嫩梢及幼叶绿黄色略带紫红色,幼叶正面有光泽,叶背密生黄白色茸毛。成叶中等大,绿色,较厚,肾脏形,叶面光滑,叶背有少量的茸毛,叶缘略上翘,有5个裂片,上下裂刻均深,叶缘锯齿较钝;叶柄洼为尖底宽拱形,与红意大利有区别。新梢生长较直立,节间较短,成熟枝条红褐色。两性花。

自然果穗圆锥形,有副穗,平均穗重625克,最大穗重1 120克。果穗整齐,果粒着生紧密;果粒短椭圆形,平均粒重9克,最大粒重达15克,比红意大利粒重1.5克左右。果皮紫红色,中等厚,较韧,着色快而一致,果粉中等厚;果肉细脆,味甜多汁,含可溶性固形物18.5%,有玫瑰香味。每果粒有种子1~3粒,2粒为多,种子与果肉易分离。果实品质极佳。

植株长势中等,新梢成熟良好,结果枝率达64%,每结果枝平均有果穗1.3个,丰产性好。抗逆性强,抗病性与红意大利相近,比红地球抗性强。要注意防治黑痘病和霜霉病。无裂果,不落粒,耐贮运。

在江苏张家港、山东大泽山和辽宁西部,4月中下旬萌芽,5月下旬和6月上旬开花,9月上中旬浆果成熟。从萌芽到浆果成熟需160天左右,有效积温3300℃~3600℃。属中晚熟品种,在华北、西北及东北有发展前途。

23. 瑰宝(Gui bao) 由山西省农业科学院果树研究所用依斯比沙和维拉玫瑰杂交育成。1988年通过省级品种鉴定。在果实性状和产量方面略优于玫瑰香。已在山西省大量推广,其他省、市也已引入试栽。

自然果穗圆锥形,平均穗重450克,最大穗重1700克,果粒着生紧密。果粒短椭圆形,稀果后平均粒重6.2克,最大粒重8.5克。果皮紫红色,中等厚,较韧。果肉脆,味甜,有浓玫瑰香味,含可溶性固形物17.5%~19.9%,品质上等。种子与果肉易分离。

在晋中地区4月中下旬萌芽,5月下旬至6月上旬开花,7月底至8月初着色,9月中下旬果实成熟。从萌芽到浆果成熟需120天左右,有效积温约3007.8℃。

瑰宝结实力较强,芽眼萌发率59.7%,结果枝率48.3%。4年生葡萄每667平方米产量1500千克左右。

24. 红地球(Red Glode) 又称大红球、晚红、红提。欧亚种。二倍体。1980年发表,由美国加州大学用(皇帝×L12-80)×S45-48杂交育成。美国加州主栽的晚熟耐贮运品种。1987年引入我国。在华北、东北、西北生长、结果表现较好。

早春嫩梢浅紫红色,幼叶浅紫红色,叶表光滑,叶背有稀疏茸毛,新梢中下部有紫红色条纹,成熟的1年生枝条为黄褐色。成叶中等大,心脏形,中等厚,5裂,上裂刻深,下裂刻浅,叶正背两面均无茸毛,叶缘锯齿两侧凸,较钝,叶柄浅红色,叶柄洼拱形。两性花。

自然果穗长圆锥形,平均穗重880克,最大穗重可达2500克。果粒着生松紧适度。果粒圆球形或卵圆形,平均粒重14.5克,最大粒重达22克以上,果粒大小均匀。果皮中厚,果肉与果皮不易分离,紫红色至黑紫色,套袋后可呈鲜玫瑰红色;果肉硬脆,味甜适口,含可溶性固形物16.3%～18.5%,无香味,品质佳。果刷粗长,着生牢固,拉力达1500克左右不脱粒。果穗极耐贮运。果实在一般窖贮藏均能贮到翌年5月份。

树势生长旺盛,枝条粗壮。结果枝率68.3%,每个结果枝平均有花序1.5个,其枝条基芽结实率较高。适用于中、小棚架和棚篱架栽培,采用中、短梢混合修剪。双龙蔓树形,每米长主蔓上两侧排开留3～4个结果母枝,每个结果母枝上留2～3个新梢,其中基部1个做预备枝(营养枝),其余2个做结果枝。全株花序够用时,将预备枝花序疏掉,结果枝与营养枝比保持2:1较适宜。幼树新梢易贪青徒长。因此,注意适时摘心和加强肥(磷、钾)水管理。果实采收后,每年每667平方米要施优质有机肥5000千克和腐熟的鸡粪或羊粪1000千克。每年每667平方米产量控制在1500～2000千克,才能保持连年果实优质、高产。

在辽宁西部地区,5月初萌芽,6月上中旬开花,8月上中旬果实着色,9月下旬至10月上旬果实成熟。从萌芽到果实成熟需150天左右,有效积温3200℃～3500℃。该品种抗旱性强,抗病性、抗寒性较弱。因此,从7月中旬开始,结合防治病虫喷药时加0.3%磷酸二氢钾及钙、锰、锌等微肥3～4次,以促进枝条花芽分化和充实,使果实较快成熟和增强树体抗性。该品种是当前大粒、优质、极耐贮运的紫红色鲜食优良品种。是葡萄二倍体、大粒、硬肉、耐贮运等性状育种的宝贵种质资源。

25. 美人指(Manicure Finger) 欧亚种。二倍体。是日本植原葡萄研究所于1984年用尤尼坤与巴拉底2号杂交育成。1994年由江苏省张家港市引入。现已在河北、辽宁地区栽培,表现较好。

植株春季枝条嫩梢黄绿色,稍带紫红色,无茸毛;幼叶黄绿色稍带紫红色,有光泽;成叶中大,心脏形,黄绿色,叶缘锯齿中锐,叶柄中长,浅绿色,略带浅红色,叶柄洼窄矢形。两性花。成熟枝条灰白色。

自然果穗长圆锥形,平均穗重480克,最大穗重为1 750克。果粒着生松散,果粒平均重15克,最大粒重20克。粒形如手指尖节形状,纵径5.6厘米,横径1.8厘米,果实纵、横径之比为3∶1,即果粒呈长椭圆形;粒尖部鲜红或紫红色,光亮,基部色泽稍浅,像用指甲油染红的美人手指头,故称美人指。果肉甜脆爽口,皮薄而韧,不易裂果,含可溶性固形物16%～18%,品质佳。果实耐拉力强,不落粒,较耐贮运。

在江苏张家港和辽宁兴城地区分别于4月上旬和5月上旬萌芽,5月下旬和6月上旬开花,8月上旬和下旬着色,果实分别在9月中旬和下旬成熟。从萌芽到浆果成熟需145天左右。

生长势极旺,枝条粗壮,较直立易徒长。因此,要多施磷、钾肥,控制氮肥和灌水,促使枝条充实成熟,增强树体抗性。适宜棚架栽培和中长梢混合修剪。在我国西北、华北和东北的中南部雨量偏少地区发展较好。应注意预防黑痘病、灰霉病、白腐病和白粉病。该品种除适宜露地栽培外,还适宜盆景栽培。

26. 红意大利（Ruby Okuyama） 又称奥山红宝石。欧亚种。是黄意大利（比坎×玫瑰香）的红色芽变。在日本1984年定名登记，1985年引入我国。1989年被辽宁省评为优质水果。

自然果穗呈圆锥形，平均穗重650克，最大穗重1500克，果粒着生中密。果粒短椭圆形，平均重8.2克，最大粒重12.5克，比意大利果粒重1～2克，果皮呈玫瑰红色至紫红色，果粉少，果皮中厚，肉质细脆，成熟后果粒晶莹透明，美如红宝石。有玫瑰香味，含可溶性固形物17.5%，含酸0.62%，品质极佳。耐贮运。较红地球抗病。

树势较旺，在中、短梢冬剪时，芽眼萌发率达80%，结果枝率64%，丰产，果粒成熟较一致。一般每667平方米产量以控制在1500千克左右为宜。

在辽宁兴城地区，4月下旬萌芽，6月中旬开花，8月下旬着色，果实9月下旬至10月上旬成熟。从萌芽到果实成熟需要146天左右，有效积温3450℃左右。适于小棚架和T型架栽培。7月份后，结合防病喷药时加入0.3%的磷酸二氢钾及少量的钙、锰、锌等微肥，进行叶面追肥3～5次，促进枝条充实，保持连年丰产。

27. 达米娜（Tamina） 欧亚种。是罗马尼亚格拉卡葡萄试验站用比坎（Bicane）×玫瑰香杂交育成。1985年发表，1996年引入我国。经河北、辽宁试栽，生长、结果及抗性表现较好。

自然果穗圆锥形或圆柱形，平均穗重500克，最大穗重650克。果粒着生较紧密，果粒短圆锥形或近圆形，平均粒重8克，最大粒重14.5克。果皮中等厚，紫红色，果粉多，果肉硬度中等,味甜,有玫瑰香味,含可溶性固形物16%。品质极佳。

在河北昌黎和辽宁兴城地区,4月中旬和5月上旬萌芽,5月下旬和6月上旬开花,果实9月下旬和10月上旬成熟,无裂果,不脱粒。

植株生长中庸,结实力强,结果枝率45%,较丰产。每667平方米产量以控制在1 500千克为宜。其抗逆性比红地球强。果实较耐贮运。是有发展前途的抗性较强、果肉硬度适中、有浓玫瑰香味、耐贮运的中晚熟优良品种之一。

28. 泽香(Ze xiang) 欧亚种。1956年山东平度市洪山园艺场利用玫瑰香为母本,龙眼为父本杂交选育而成。1979年发表,1982年经品种鉴定后推广。该品种集中分布在山东省大泽山地区,成为主栽品种。1995年获全国第二届农业博览会金奖。

自然果穗圆锥形,平均穗重450克,最大穗重820克,果粒着生稍紧密;果粒圆形或短椭圆形,稀果后平均粒重6.2克,最大粒重8克以上。果皮绿黄色,充分成熟金黄色,成熟一致。皮薄肉软,含可溶性固形物15.6%,酸甜适度,清爽可口,有玫瑰香味。无裂果、无落粒,较耐贮运。品质上等。

植株长势中强,芽眼萌发率72.5%,结果枝率68.4%,极丰产。早果性好,栽后第二年85%以上开花结果,最高株产达3.5千克。

在山东大泽山,4月中旬萌芽,5月下旬开花,9月中下旬果实成熟,从萌芽至浆果成熟需162天,有效积温3 300℃左右。该品种适应性强,耐旱、耐瘠薄,抗病性和抗寒性都强于亲本。在大泽山地区简易防寒即可安全越冬。

29. 香悦(Xiang yue) 欧美杂交种。四倍体。由辽宁省园艺研究所1981年用紫香水和玫瑰香两个四倍体芽变杂交育出的品种。1998年在辽西试栽,经观察该品种适应性强,生长与结果表现较好。

自然果穗圆锥形,平均穗重560克,最大穗重1 080克。果粒着生较紧密,果粒近圆形,平均粒重9.2克,最大粒重14克。果皮紫黑色至蓝黑色,果肉硬度中等,味甜多汁,有浓玫瑰香味,含可溶固形物14.8%。每个果粒含种子多为2粒,种子与果肉易分离。品质极上等。

植株长势强,早果性好,结果枝率达65%,丰产。在辽宁兴城与沈阳地区,萌芽期分别为4月下旬和5月上旬,6月上中旬开花,9月上旬果实成熟,果实生育期为125天左右。该品种的栽培技术与巨峰等欧美杂交种相同。果实不裂果、不落粒,较耐贮运。在我国南北方均可栽培。

30. 甲斐路及其早熟芽变系 欧亚种。1955年由日本植原亚藏用粉红葡萄与新玫瑰杂交育成。1985年引入我国。在日本是有发展前途的晚熟耐贮运品种。在辽西、华北南部地区表现较好。

自然果穗长圆锥形,平均穗重650克,最大穗重820克。果粒着生松散,果粒呈长椭圆形,平均粒重8.5克,最大粒重12.8克。果皮厚而韧,鲜红或紫红色,果肉硬,甜脆多汁,含糖18%~20%,有玫瑰香味,品质上等。不裂果、无脱粒,果实耐贮运。

该品种在辽西地区5月上旬发芽,9月上旬着色,果实9月下旬至10月上旬成熟。从萌芽至浆果成熟需150天左右,有效积温3 500℃左右。适宜棚架栽培和中短梢混合修剪。丰产。抗病、抗寒力中等。生产管理和红地球相近。

甲斐路在日本栽培过程中,选出3个早熟芽变品系,即早熟甲斐路、赤岭、石榴红（又称加涅特），其果实成熟期都比甲斐路提早 10～20 天，其他性状均与其相似。本品种的早熟芽变系适于我国的西北、华北地区及辽宁省发展。

31. 夕阳红（Xi yang hong） 欧美杂交种。四倍体。由辽宁省农业科学院园艺研究所用玫瑰香芽变（沈阳玫瑰）与巨峰杂交育成。1993 年通过省级鉴定。现已推广栽培，生长、结果表现较好。

果穗长圆锥形，平均穗重 800 克，最大穗重达 2 300 克，果粒着生较紧密。果粒长圆形，稀果后平均粒重 12.5 克。果皮较厚，紫红或暗红色，果肉软硬适度，汁多，有浓玫瑰香味，含可溶性固形物 16%。品质极上等。

在辽宁兴城和沈阳地区，5 月初萌芽，6 月初开花，9 月下旬至 10 月上旬果实成熟。从萌芽到果实成熟需要 150 天左右。需要有效积温为 3 100℃～3 500℃。无落粒和裂果现象。

植株长势强，坐果率高，丰产。每 667 平方米产量应控制在 1 500 千克为宜。抗病虫能力和适应性均强。在东北、华北、华东和华南等地区均表现良好。是抗性强、有玫瑰香味的育种宝贵种质资源。

32. 龙眼（Long yan） 又称秋紫。欧亚种。原产于我国。为华北、东北地区主栽品种，极丰产。是耐贮运的鲜食与酿酒兼用的优良品种。

自然果穗圆锥形，有双歧肩，平均穗重 694 克，最大穗重达 1 500 克。果粒着生中密；果粒近圆形，稀果后平均粒重 6.5 克，最大粒重 7.8 克。果皮中等厚而韧，红紫色，有较厚灰白色果粉，肉较软多汁，含可溶性固形物 16.2%，含酸 0.5%，酸甜适口。成熟果实延迟采收无裂果，不落粒。耐贮运。品质中上等。

植株长势强,寿命长达 30 年以上。生产上适于大棚架和林荫路上屋脊式大棚架栽培。新梢结实率仅为 32%,每个结果枝多着生 2 个果穗,如肥水和防病管理好,容易获得高产。

在辽宁西部,5 月上旬萌芽,6 月中旬开花,9 月中旬着色,10 月上旬果实成熟。从萌芽至浆果成熟需要 150 天,有效积温 3 400℃左右。抗旱和耐瘠薄性强,抗寒、抗病性中等。适宜华北、西北和东北的中南部栽培。如利用抗寒砧木贝达、山贝、山河系和公酿 2 号嫁接苗木,生长、结果表现较好。冬季防寒时能减少 1/3 的防寒土而无冻害。

(二)无核品种

应选自然粒重 4 克以上的品种。

1. 无核早红(Wu he zao hong) 1986 年由河北省农科院昌黎果树研究所与昌黎农民技师周利纯合作利用二倍体的郑州早红与四倍体巨峰杂交育成的三倍体新品种。1990 年初选,代号 8611。1998 年通过省级品种审定,并定名为无核早红。现已在河北、山东、辽宁、山西等地栽培,表现较好。

自然果穗圆锥形,平均穗重 190 克,果粒近圆形,平均粒重 4.5 克,无核率达 85%,其余均败育瘪籽。用赤霉素处理后,平均穗重 410 克,最大穗重 1 100 克。果粒平均重 9.7 克,最大粒重 19.3 克,其穗重、粒重比对照增加 1 倍多,无核率则达 100%。粒形由近圆形变为短椭圆形。果皮及果粉均厚,紫红色,果肉脆,含可溶性固形物 14.5%,不裂果,无落粒。品质佳。

生长势强,结果枝率达 61.6%以上,结果系数 2.23。副梢结实力强,二次果在昌黎地区可正常成熟。

在河北昌黎地区 4 月中旬萌芽,5 月下旬开花,7 月上旬着色,7月下旬果实成熟。从萌芽至浆果成熟需100天左右,比巨峰提早30天左右成熟,属早熟品种。

2. 奥迪亚无核(Otilia Seedless) 欧亚种。由罗马尼亚用利必亚与波尔莱特(Perlette)杂交育成。1996年引入我国,经过山东、山西、河北、辽宁等地栽培,生长、结果表现均好。

果穗圆锥形,平均穗重350克,最大穗重420克,果粒着生紧密。果粒椭圆形,自然粒重平均4.5克,最大粒重5.2克。果皮紫黑至蓝黑色,有灰白色果粉,果肉较硬而脆,含糖量16.5%,酸甜适口,味浓甜,品质佳。较耐贮运。

植株长势较强,新梢粗壮,适宜小棚架和T型架栽培,采用自由扇型和"V"字型的树形和中短梢为主的修剪方法较好。枝条芽眼萌发力和结果力均强,丰产。果实成熟期易感白腐病和灰霉病,要及时喷药防治。果实鲜食、制罐均可。

在辽宁兴城,4月下旬至5月上旬萌芽,6月上中旬开花,7月下旬至8月上旬浆果成熟。是早熟、色艳、脆肉、优质的露地与设施栽培的优良无核品种之一。

3. 金星无核(Venus Seedless) 又称维纳斯。欧美杂交种。美国用Alden×N.Y46000杂交育成。1977年发表,我国1988年引入。在我国南北方均有栽培。

自然果穗圆锥形,平均穗重260克,最大穗重500克。果粒着生较紧,大小均匀。果粒近圆形,平均粒重4.2克,最大粒重4.5克。果皮蓝黑色、较厚,肉质偏软,含可溶性固形物17%,含酸0.97%。果刷长,无裂果、脱粒现象。品质中上等。

在辽宁沈阳和兴城地区,5月上旬萌芽,6月上中旬开花,8月上中旬成熟。从萌芽到果实成熟为110天左右。在南京地区7月中旬成熟。果实较耐贮运。

树势较强。结果枝率90%,双穗率达74.7%,副梢结实能力强,3年生株产15.1千克。适于短梢修剪和小棚架栽培。植株抗寒、抗病性均强。丰产。是南、北方早熟优良无核品种之一,也是葡萄无核抗性育种的宝贵资源。

4. 夏黑无核(Xia Hei) 欧美杂交种。日本于1968年用巨峰与汤姆森无核杂交育成。新品种登记号为9732。由江苏张家港市2000年引入。现已在江苏、山东、河北、辽宁等地试栽。

植株生长用贝达砧木表现强旺,新梢可达1米左右。节间中长,成熟枝条深褐色。

自然果穗圆锥形,有歧肩,平均穗重为450克,最大穗重达520克。果粒平均重3.5克,近圆形,用赤霉素处理后,粒重平均达7.5克,穗重达608克。果皮紫黑色至蓝黑色,成熟后着色一致。皮厚而脆,果粉厚,果肉硬度适中,果汁紫红色,味浓甜,有草莓香味,无籽,含可溶性固形物20%~22%。品质上等。

在江苏张家港市,果实7月中下旬成熟,无裂果,不落粒,较丰产。抗病性强,果实较耐运输,适合全国各地栽培。

5. 瑞锋无核(Rui Feng) 欧美杂交种。1993年北京市农林科学院林业果树研究所在"先锋"品种植株上发现的芽变枝。2004年通过北京市品种审定。

嫩梢和叶背茸毛比先锋密,花蕾也大。开花时,花帽不能自然脱落。其插条及芽接苗1994年均已开花结果,在自然条件下果实无核率达98%以上,极少数有残核,食用无感觉。果穗圆锥形,平均重246.6克,果粒着生疏松。果粒近圆形,平均重5.57克,果皮蓝黑色,果粉厚,果肉硬度似先锋。含可溶性固形物17.9%,可滴定酸0.62%,略有草莓香味。品质中上等。用赤霉素处理坐果率高,平均穗重达845克,最大穗重1 065克,果粒平均增大到14.2克,最大粒重23克。果皮红紫色,果肉硬度中等,肉质脆且多汁,有草莓香味,可溶性固形物达16.8%,可滴定酸0.51%,无核率100%。无落粒、无裂果。品质优。

枝蔓管理及抗逆性与先锋相同。在北京地区,4月中旬萌芽,5月下旬开花,果实9月中下旬成熟。从萌芽到果实成熟130天,属中晚熟品种。

6. 碧香无核(Bi xiang Seedless) 欧亚种。是吉林省松原市新庙镇果农初明文在1994年用1851×莎巴珍珠育成。原名旭东1号。经过吉林农业技术学院神农研修中心独家买断和4年系统的研究与鉴定,碧香无核在本地区表现抗寒,抗病性强,品质优,丰产。2003年经吉林省作物品种委员会专家组审定通过。

自然果穗圆锥形,带双歧肩,平均穗重600克,最大穗重1 200克,果粒着生密度适中;果粒近圆形,平均粒重4克,疏穗稀粒后粒重可达6克。果皮薄,黄绿色,有弹性,果粉薄,果肉细脆。果皮与果肉不易分离,自然无核,含可溶性固形物22%,含酸量为0.25%,味甜,有浓玫瑰香味,品质极佳。不落粒,无裂果,较耐贮运。

贝达根的嫁接树长势中等,萌芽率80%,结果枝率70%,坐果率高,丰产。小棚架(4米×0.5米)栽培,每667平方米产量应控制在1 500~2 000千克。

在北方冬季防寒地区适宜小棚架栽培(行株距5~6米×0.6~1.2米)和双龙干或自由扇型树形整枝。其生长季节的土、肥、水和枝蔓管理与森田尼无核品种相同。

在吉林和辽宁省兴城地区,5月上中旬萌芽,6月中旬开花,8月上旬果实成熟。从萌芽到浆果成熟为90天左右,其有效积温＞2 400℃,属极早熟品种。

该品种抗病性强,在露地和设施中栽培很少发生黑痘病、白腐病和霜霉病。

7. 黑奇无核(Fantasy) 又称幻想无核、神奇无核。欧美杂交种。由美国加州1982年用B36-27×P64-18育成,1988年通过鉴定。1997年引入我国。

自然果穗圆锥形,平均穗重520克,最大穗重720克,果粒着生松紧适度。果粒椭圆形,平均粒重6.5克,最大粒重8.2克。果皮紫黑至蓝黑色,中等厚,有果粉,果肉淡绿色,肉质硬脆,含可溶性固形物18%,有玫瑰香味,品质较佳。果刷长,无落粒,较耐贮运。

在辽宁兴城、沈阳地区,分别于5月上旬和中旬萌芽,6月上旬和中旬开花,7月中下旬着色,8月中旬浆果成熟。

该品种树势强旺,冬剪应采用中、长梢混合修剪,加强夏季管理和追施磷、钾肥,促进枝条充实、成熟,少施氮肥,防止贪青徒长。采用环剥法可提高坐果率和增大果粒。本品种适应性强,适宜我国华北、东北、西北地区栽培。华南、华中采用SO_4、5BB砧木生长结果较好,是有发展前途的大粒、黑色无核优良品种。

8. 白鸡心无核(Centennial Seedless) 又称森田尼无核、世纪无核。欧亚种。由美国加州大学用Gold×Q25-6杂交育成。1981年发表,我国1983年从美国引入。在我国东北、华北、西北等地均有栽培,表现较好,很有发展前途。

自然果穗圆锥形,平均穗重829克,最大穗重1 361克,果粒着生紧密。果粒长卵圆形,平均粒重5.2克,最大粒重

6.9克。用赤霉素处理可达7~8克。果皮绿黄色,皮薄肉脆,浓甜,含可溶性固形物16%,含酸0.83%,微有玫瑰香味,品质极佳。

树势强,枝条粗壮,应注意控制新梢徒长。冬剪以采用中长梢修剪为宜。结果枝率74.4%,每个结果枝着生1~2个果穗,双穗率达30%以上,果穗多着生在第五至第七节。3年生株产12.8千克。丰产。果实成熟一致,副梢有二次结果能力,在兴城能正常成熟。较抗霜霉病、灰霉病,但易染黑痘病和白腐病。

在辽宁省兴城地区,5月上旬萌芽,6月上旬开花,浆果8月中下旬成熟。该品种果粒着生牢固,不落粒,不裂果,耐贮运。是适合华北、西北和东北地区发展的大粒、无核鲜食和制罐的优良品种,应积极推广。

9. 昆香无核(Kun xiang Seedless) 欧亚种。由新疆石河子葡萄研究所用葡萄园皇后与康耐诺杂交育成。1982年选出,2000年通过品种鉴定。

嫩梢及幼叶紫红色,有中等密度茸毛,有光泽。成叶心脏形,中等大,叶表有泡状皱,下表皮有刺毛,中等密,叶缘微上卷,叶片5裂,锯齿中等锐。叶柄洼开张,矢形。两性花。

果穗圆锥形,平均穗重465克,最大穗重600克,果粒着生中密。果粒椭圆形,金黄色,平均粒重4.5克,果粉少,果皮薄。果肉硬而脆,味甜,有浓玫瑰香味,无种子,含可溶性固形物20%,可滴定酸0.54%。在新疆可室内自然阴干,干后仍有玫瑰香味。

植株长势中等。芽眼萌发率为64%,结果枝率为34%。每果枝平均有果穗1.22个,果穗多着生在第四至第五节位。产量中等,早果性好。

在石河子地区5月中下旬萌芽,6月下旬开花,8月下旬浆果成熟,从萌芽到浆果成熟需120天。属于早熟品种。

该品种是制干、鲜食的优良品种,有玫瑰香味,品质上等。适宜棚、篱架和中短梢混合修剪,北方各省应引种试栽、推广。

10. 水晶无核(Shui jing Seedless) 欧亚种。由新疆石河子葡萄研究所于1977年用葡萄园皇后与波来特杂交育成。1984年选出,2000年12月通过品种审定。

嫩梢、幼叶黄绿色,带紫红色,有稀疏茸毛。成叶心脏形,中等大,平展,有光泽,叶背有稀疏刺毛。叶片浅3裂,锯齿中锐。叶柄洼开张,呈拱形。两性花。

果穗圆锥形,平均穗重700克,最大穗重1400克,果粒着生中等紧密。果粒长圆形或柱形,平均粒重5.5克,最大粒重9克。果皮黄绿色,果粉中等厚,皮薄,肉硬脆、半透明,汁液中多,味酸甜,无核。含可溶性固形物20%~22%,可滴定酸0.55%,是鲜食、制干兼用优良品种。

植株长势强,芽眼萌发率达82.3%,结果枝率达62.6%,丰产性好。

在新疆石河子地区5月下旬萌芽,6月下旬开花,浆果8月上旬成熟。从萌芽到浆果成熟为120天,属中早熟品种。抗病性中等偏强,适宜棚架和中长梢混合修剪。

11. 蜜丽莎无核(Melissa) 又称梅里莎无核、莫利莎无核或蒙丽莎无核。欧亚种。1998年由美国用克瑞森无核(Crimson Seedless)和B40-28的杂交后代,利用杂种胚挽救技术,使克瑞森无核的胚正常发育而获得的植株。父本B40-28是一个白色无核品系,含有黑玫瑰、意大利和玫瑰香等品种的血缘。我国1999引入在河南、山东、河北、辽宁栽培,表现较好。

自然果穗圆锥形,平均穗重450克,最大穗重520克。有单歧肩,果粒着生中等紧密;果粒椭圆形,稀果后自然果粒平均重5.6克,最大粒重7.8克,环剥处理后粒重可增加1~2克,果皮黄白色,中等厚,果皮与果肉不易分离。果肉稍硬而脆,味甜爽口,含可溶性固形物18%,充分成熟有玫瑰香味,品质佳。丰产。果粒成熟不一致,可延迟采收。耐贮运。

植株长势较旺,适于小棚架栽培和中长梢修剪。

在辽西地区5月上旬萌芽,6月上旬开花,果实8月下旬至9月上旬成熟,属中熟优良无核品种,应积极推广。

12. 黎明无核(Dawn Seedless) 欧亚种。美国用Gold与Perlette杂交育成。1986年从美国加州引入我国。在辽宁、河南、河北及山东等地区试栽,生长、结果表现较好。1996年12月通过辽宁省农作物品种审定委员会审定。

自然果穗圆锥形,平均穗重437.5克,最大穗重800克。果粒着生紧密,果粒近圆形,无核,平均粒重5.8克,最大粒重7.2克,果皮黄绿色,果粉薄,果肉硬脆,香甜适口,含可溶性固形物18.5%,品质上等。果实较耐贮运。

植株长势偏强,枝条粗壮,秋季易成熟。结果枝率67.5%,果实成熟一致。抗病性和抗寒性较强。丰产,4年生平均株产15.4千克,每667平方米产量达1709千克。

在辽西地区,5月上旬萌芽,6月中旬开花,果实8月中下旬成熟。从萌芽至浆果成熟需110天,为早熟无核品种。

该品种适于小棚架或T字形架栽培,采用中、长枝混合修剪,每平方米留9~12个新梢,结果枝与营养枝比例为3:1。其他肥、水、病虫管理与森田尼无核相同。

13. 优无核(Superior Seedless) 又称上等无核、超级无核、黄提无核。欧亚种。由美国加州用绯红与未定名的无核品种杂交育成。1990年引入我国,现已在河北、辽宁、山东、新疆等地试栽,生长、结果表现较好。

自然果穗圆锥形,平均穗重800克,最大穗重1200克,果粒着生较紧密。果粒短椭圆形或近圆形,平均自然粒重6.5克,最大粒重7.2克。经赤霉素处理后,粒重达10.3克,果皮绿黄色,充分成熟浅黄色,外观美丽,皮薄肉脆,质细多汁,味甜,含可溶性固形物16%,稍有玫瑰香味。粒大、无核。品质优。果粒耐拉力强,抗压,无裂果,耐贮运力强。在常温下,可存放30~45天;在0℃条件下,可贮至翌年4月份。

树势较旺,幼树一般3年生开始结果,要及时摘心,防止新梢徒长。结果枝率58%,结果系数1.3,丰产。适应性较强,抗干旱,花期控水,采用环剥可提高坐果率。花序多着生在第五至第六节位,适宜中长梢混合修剪。在小棚架上,行距4~5米,株距0.6~1.2米,采用留1~2条龙蔓型树形,在加强肥水和夏季管理的条件下,栽后第二年有60%结果,平均株产2.8千克,高产株达5.1千克。3年生平均每667平方米产量达1500千克以上。本品种是无核品种中果粒最大的,应试栽、推广。

在河北涿鹿和辽宁兴城,分别于4月中旬和5月上旬萌芽,5月下旬和6月上旬开花,8月上旬和下旬果实成熟,从萌芽到浆果成熟为120天左右。该品种抗病性似玫瑰香,注意防治黑痘病、白腐病和霜霉病,按时喷多菌灵、瑞毒霉及乙磷铝等药,交替使用可收到较好的防治效果。

14. 红宝石无核(Ruby Seedless) 又称鲁比无核。欧亚种。1968年由美国加州大学用皇帝×pirovrano75育成。1983年引入我国。在全国各省、市栽培结果表现较好。

自然果穗圆锥形,平均穗重650克,最大穗重1500克以上。果粒着生中密,果粒呈短椭圆形,平均粒重为4.2克,最大粒重5.5克。果皮紫红色,有深紫色条纹,皮薄肉脆,味甜爽口,含可溶性固形物17.5%,品质上等。

在辽宁兴城地区,5月上旬萌芽,6月上旬开花,9月下旬成熟,果实发育期为145天左右。

植株长势强,丰产。3年生葡萄每667平方米产量1 500余千克。果穗多着生在第四至第五节位。抗霜霉病性较强,但要注意防治黑痘病。在肥水正常管理条件下,容易获高产。果实耐贮运性中等。成熟期保持土壤湿度稳定,逢雨时易出现裂果。

15. 克瑞森无核(Crimson Seedless) 又称绯红无核。欧亚种。1983年由美国加州用无核白为第一代亲本,进行5代杂交工作,1983年最终用晚熟品系C33-99与皇帝杂交育成晚熟、红色的无核品种,有玫瑰香、阿米利亚、意大利等品种的血缘。

美国在1988年通过鉴定,1989年开始推广。我国于1998年引入,已于河北涿鹿、山东平度、内蒙古乌海、河南、辽宁兴城等地区试栽,表现较好。

自然果穗圆锥形,平均穗重500克,最大穗重达1 000克。单歧肩,果粒着生中密或紧密;果粒椭圆形,平均粒重为4.2克,最大粒重6克,果皮紫红色,着色一致,有较厚白色果粉,比较美观,果皮中厚,果皮与果肉不易分离;果肉浅黄色,半透明,肉质细脆,清香味甜,含可溶性固形物18.8%,含可滴定酸0.75毫克/100毫升,糖酸比大于20:1,品质极佳。每粒浆果有2个败育种子,食用时无感觉。果实耐拉力比红宝石无核强,且不裂果。果实较耐贮运。

克瑞森无核对赤霉素花期处理比较敏感,要掌握好处理的时间和浓度,一般用赤霉素处理和环剥能使果粒增重 1~2克。该品种应用贝达砧木嫁接成活率较高,适应性和抗病性均强。

植株长势旺,要加强夏季修剪和控制氮肥,适合用小棚架栽培和龙干型或自由扇型树形,采用中、长梢混合修剪。

在山东平度和辽宁兴城地区,分别在 4 月中旬和 5 月上旬发芽,5 月下旬和 6 月上旬开花,9 月下旬和 10 月上旬果实成熟。

(三)优良酿酒品种

1. 赤霞珠(Cabernet Sauvignon) 又称解百纳。原产于法国。是世界上最著名的酿制红葡萄酒品种。在我国山东、华北、西北地区有集中栽培。

果穗中大,平均重 150~170 克;果粒中大,平均重 1.4~2.1 克。果粒圆形,紫黑色,果皮中厚,果粉厚。出汁率 70%左右,含糖量 18%左右,含酸量 0.7%左右,有较淡的青草香味。

树势较强,结果枝占 75%~83%,果实于 8 月下旬至 9 月下旬(陕西杨凌)或 10 月上旬(山东烟台)成熟。由萌芽到果实充分成熟需要 160 天左右。产量较高,扦插第二年每 667 平方米产量可达 450 千克。在肥水较好的成龄葡萄园,每 667 平方米产量 1 650 千克。抗白腐病。风土适应性强,较抗寒。适宜篱架栽培。

用该品种酿造的干红葡萄酒,呈深宝石红色,酒体丰满,醇厚,具浓郁香味。新酒单宁突出,具青草香味。在国外常与梅鹿汁、品丽珠酿的酒进行勾兑,以增加柔性。一般在橡木桶中贮藏 1 年以后才装瓶出售,可使酒体变得醇厚柔和。用它与品丽珠、梅鹿汁勾兑更加圆润绵长。赤霞珠酿制的干红葡萄酒是世界上名牌葡萄酒。

2. 品丽珠(Cabernet Franc) 原产于法国。果穗中大,平均重250克;果粒中等大,平均重2.3克。扁圆形,紫黑色,有青草香味,果皮薄,出汁率75%以上,含糖量18%以上,含酸量0.8%左右。

树势中等,结果枝率77%左右,在烟台地区,果实8月底至9月下旬成熟。产量中等,抗病性中等,抗寒力弱,果实成熟不一致。

用它酿制的干红葡萄酒呈宝石红色,果香浓郁,口感柔和协调,无需长期陈酿即可上市。常用它与赤霞珠酒勾兑成具有野果香味的高档干红葡萄酒。

3. 梅鹿特(Merlot) 又称梅鹿辄。原产于法国。果穗中大,平均重200克,果粒中大,平均重2.5克左右。近圆形,黑紫色,果粉、果皮中厚,出汁率70%,含糖量18%,含酸量0.8%,有柔和的青草香味。

树势中等,结果枝率80%左右,每果枝平均2个果穗,果实于8月下旬(陕西杨凌)至9月下旬(山东烟台)成熟。丰产,抗病,适应性强。

适于酿造干红葡萄酒,酒呈宝石红色,酒体丰满、柔和,鲜酒成熟速度快,比赤霞珠香型淡雅,常与其他品种酒勾兑,可生产高档的干红葡萄酒。

4. 法国兰(Blue French) 又称法兰西。原产于奥地利。果穗中大,平均重180~420克,果粒中大,圆形,蓝黑色,果粉厚,果皮中厚,出汁率75%~78%,味酸甜,汁浅红色,含糖量18%左右,含酸0.7%。

树势中等,结果枝率80%左右,每果枝平均1.8个果穗,果实8月中旬成熟,为早、中熟酿酒品种。丰产。抗病、抗寒性强。

用它酿制的红葡萄酒呈宝石红色,香气完整,回味绵延,成熟较快。

5. 霞多丽(Pinot Chardonnay) 又称莎当尼。原产于法国。果穗小,平均重142.1克。果粒小,平均重1.3克,近圆形,绿黄色。果皮薄,粗糙,果脐明显,含糖量20%,含酸量0.7%,出汁率72%。

生长势强,结果枝率68%,每果枝平均1.65个果穗,早熟,丰产,在青岛9月上旬成熟。抗病性中等,抗寒性强,适应性强。

用它酿造的干白葡萄酒呈淡金黄色,澄清,香气完整,味醇协调,回味幽雅,酒质极佳。

6. 赛美容(Semillon) 原产于法国。果穗中大,圆锥形,平均穗重150~170克;果粒中大,平均重1.7~1.8克。果黄绿色,皮中厚。含糖量180~210克/升,含酸量7~8克/升,出汁率78%。

树势中庸,结实力中等,结果枝率45%,每果枝平均1.43~1.62个果穗。较抗寒,抗病性中等,易感白腐病和灰霉病。在胶东半岛9月上旬成熟,属中熟品种。

用它可酿造干白葡萄酒和浓甜佐餐葡萄酒,酒呈浅黄绿色,柔和爽口,果香浓郁并带有淡柠檬香味,酒质极佳。

7. 白诗南(Chenin Blanc) 原产于法国。果穗中等大,果粒平均重1.6~1.8克。果黄绿色,充分成熟时金黄色。含糖量18%左右,含酸量0.7%左右,出汁率72%。

树势中庸,极易丰产,果枝率75%,每果枝平均1.6个果穗,9月中旬果实成熟(山东半岛)。风土适应性强,较抗寒,抗病力中等,易感白腐病。

白诗南是具有多种酿酒用途的葡萄品种,可以生产干白酒、甜白酒、起泡酒和香槟酒,也可生产雪丽酒。单品种干白葡萄酒,酒色浅绿黄色,澄清透明,具有浓郁的果香和优雅的蜂蜜香气,酒体丰满,醇和协调,品质佳。

8. 白玉霓(Ugni Blanc) 原产于法国。是酿制白兰地的最著名品种,法国的科涅克白兰地酒主要是用白玉霓酿造而成。

果穗大,平均重293~422克,长圆锥形,有副穗。果粒中大,平均重2.6克,黄绿色,果皮中厚,出汁率73%,含糖量15%左右,含酸量0.8%。

树势强,结果枝率62%,每果枝平均1.8个果穗,极易早产、丰产,扦插苗第二年每667平方米产量可达1 000千克左右,成熟期为9月下旬至10月上旬。风土适应性强,喜肥水。较抗病,但易感白腐病。

用它酿制的干白葡萄酒微黄带绿,澄清晶亮,有果香,醇和爽口,回味绵长;酿制的白兰地品质极佳,具有典型品种香气,酒体丰满,柔和醇厚,回味绵延。

(四)制汁品种

1. 紫玫康(Zi mei kang) 欧美杂种。由山西农业大学用玫瑰香和康拜尔杂交育成。经上海农科院园艺研究所引种栽培和制汁鉴定,制汁性状优于世界名牌品种黑贝蒂等6个外国品种,并具有独特的荔枝风味。

自然果穗圆锥形,平均穗重102.1克。果粒重3.7~4.3克。果皮紫红色。果肉柔软多汁,有肉囊。含糖14%,含酸1.25%,味酸甜,有玫瑰香味,稍涩,鲜食品质中下等。产量中等。

在上海地区8月中旬果实成熟,结果枝率达61.6%。

浆果出汁率73%。汁紫红色,香味浓,酸甜适口,风味醇厚,有新鲜感。汁液质量超过黑贝蒂,是我国南方制汁优良品种。

2. 康可(Concord) 又名黑美汁。美洲种。原产于北美。是从野生美洲种葡萄的实生苗中选育的。我国东北、华中和华东各省都有少量栽培。

树势强。果穗圆锥形,果粒着生疏松,平均穗重220克。果粒近圆形,平均粒重3.05克。果皮薄,皮下有紫红色素,果粉厚。果肉有囊,多汁。果汁红色,味酸甜,有草莓香味。含糖量15%。结果枝率45%,每果枝结2个果穗。

在辽宁省兴城地区,5月上旬萌芽,6月上中旬开花,浆果9月中下旬成熟。生长日数135天左右,有效积温约2 825℃。

该品种为世界著名制汁优良品种。在我国栽培表现较好,抗寒、抗病,适应性强,易栽培管理。

3. 康拜尔(Campbell) 又称康拜尔早生。欧美杂交种。原产于美国,为康拜尔氏以Moore Early×(Belvidere×玫瑰香)杂交育成。我国东北、华北、华中等地均有栽培,是制汁和鲜食兼用品种。

树势强。果穗圆锥形,果粒着生中密,平均穗重580克。果粒近圆形,平均粒重4.9克。果皮厚,深黑色,果粉厚。果肉绿色,有肉囊,汁多,味甜酸,有草莓香味,含糖16%,含酸0.1%。结果枝占59%～66%,每个果枝着生2～3个果穗,极丰产。在吉林省公主岭地区,浆果8月下旬成熟,辽宁省兴城地区8月上中旬成熟。在南北方均能栽培,抗寒、抗热、抗病能力均强,但抗旱力较差。

浆果出汁率80%,汁紫红色。有典型的康可果汁风味,酸甜适口,回味长。品质较佳,稳定性好,封闭可存放。

4. 底拉洼（Delaware） 又称玫瑰露。欧美杂交种。原产于美国，为（Labrusca×Bourguiniana）×Vinifera 的自然实生苗。我国东北、华中等地区均有栽培。

树势中等。结果枝率为 63%，每个结果枝结 3 个果穗。丰产。果穗圆柱形，平均穗重 150 克。果粒着生紧密。果粒重 1.4~2.5 克。果皮薄，紫红色，果粉中等。肉软多汁，有肉囊，味甜而香。含糖 16%~20%，含酸 0.7%~0.9%，品质中等。

在辽宁省兴城地区，5 月上旬萌芽，浆果 8 月下旬成熟。在北京地区，4 月中旬萌芽，果实 8 月上旬成熟。多采用 8~10 芽长梢修剪。

浆果出汁率 70%，是制汁、酿酒和鲜食兼用品种。果汁色好，味甜适口，有香味。用它酿酒质优，味香浓，回味长。适于长期贮存，可作为调味用。

（五）制干优良品种

1. 无核白（Sultanina） 欧亚种。原产于中亚。是我国新疆主要的制干品种。

自然果穗圆锥形，有歧肩，平均穗重 380 克，最大穗重达 1 200 克，果粒着生紧密。果梗细，但不落粒。果粒椭圆形，平均粒重 2 克。果皮绿黄色，皮薄肉脆，浓甜，汁少，含糖 22%，含酸 0.4%，制干率 20%~30%。品质上等。

2. 京早晶（Jing zao jing） 欧亚种。是中国科学院北京植物园用葡萄园皇后和无核白杂交育成。现已在华北地区栽培。

树势强。果穗圆锥形，果粒着生中密，平均穗重 420 克，最大穗重 625 克。果粒卵圆或长椭圆形，平均粒重 2.9 克，最大粒重 3.5 克。无核。果皮薄，绿黄色，透明美观。肉质脆，汁少,浓甜,含糖 20.5%,含酸 0.54%,品质上等。两性花。

结实性较弱,产量中等,每个结果枝结 1~2 个果穗。果刷短,易脱粒,要适时采收。北京地区 4 月中旬萌芽,5 月下旬开花,7 月下旬浆果成熟。生长日数与莎巴珍珠相近,为 109 天左右。

植株抗病性中等。除鲜食外,还适于制干和制罐。适宜在东北、华北、西北地区种植。

昆香无核和碧香无核两个制干新品种,各地应积极试栽,逐步推广。详见本章无核品种部分。

二、葡萄优良抗性砧木

1. SO_4 由德国用伯兰氏葡萄与河岸葡萄杂交育成。是法国应用最广泛的砧木。现在中国科学院北京植物园、中国农科院果树研究所、中国农科院郑州果树研究所等单位都已引入。

抗根瘤蚜和根结线虫、抗盐碱、抗酸、抗湿性均好。抗寒性、抗钙性和抗旱性中等。对嫁接品种有提高品质、着色好和早熟的作用。扦插生根率为 66%~88%。与品种嫁接亲和力好,苗木生长迅速。是嫁接长势旺的品种,易导致品种延迟成熟和有落花落果现象,可加强夏季管理进行控制。

2. 5BB 由奥地利育成,亲本同 SO_4。雌株。在德国、意大利、南斯拉夫等国家应用较多。中国农科院果树研究所、中国农科院郑州果树研究所和北京植物园都已引入。

极抗根瘤蚜和根结线虫。耐石灰质、耐湿性和耐寒性较好。在黏土中生长良好。不太耐旱。扦插生根率 60%~70%,田间与品种嫁接成活率高,并有提高品种品质、早熟和着色好的作用。在辽西插条苗冬季无冻害。

3. 420A 由法国用伯兰氏葡萄与河岸葡萄杂交育成。在法国、意大利、西班牙、俄罗斯及土耳其等国家应用较多。

极抗根瘤蚜和根结线虫。生长势偏弱。喜轻质肥沃土壤,抗寒,耐旱。早熟,品质好。枝条用生根药剂处理生根较好。在辽西插条苗冬季无冻害。

4. 5C 由匈牙利用伯兰氏葡萄与河岸葡萄杂交育成。在德国、瑞士、意大利、法国应用较多,耐旱,耐湿,抗寒性强,并耐石灰质土壤。对嫁接品种有早熟、丰产作用。有小脚现象。中国农科院果树研究所、中国农科院郑州果树研究所已引入。在辽宁兴城扦插苗冬季无冻害。

5. 3309C 由法国用河岸葡萄与沙地葡萄杂交育成。在东欧、西欧国家应用较多。

植株性状倾向于河岸葡萄。雌株。根系极抗根瘤蚜,不抗根结线虫。较耐盐碱、耐干旱,适于平原地较肥沃的土壤栽培。嫁接品种成活率高,还能提高品种品质,早熟,着色好。树势中庸,扦插生根率较高,主要用于嫁接赤霞珠、梅鹿汁、霞多丽等品种。

6. 贝达 由美国用美洲葡萄与河岸葡萄杂交育成。我国和俄罗斯、朝鲜应用较多。

根系发达,植株生长旺,适应范围广,抗寒性、抗盐碱、抗湿性均强,嫁接品种亲和力好。枝条扦插容易生根。用萘乙酸处理后生根率达96%左右。目前,我国生产上用的贝达砧木大部分带有病毒病,应脱毒繁殖后再利用为好。

7. 1616C 由法国用 V. candicans 与河岸葡萄杂交育成。雌株。可抗0.8%的氯化钠,是葡萄砧木中最抗盐的一种。极抗根瘤蚜。抗寒、抗湿性强,能在土壤含水量为80%左右的条件下生长,但长势偏弱。抗11%活性钙,抗旱性中等。

区轮换倒茬,改种其他豆科经济作物 2~3 年和增施有机肥料后再进行育苗。

二、苗圃地的整地施肥

(一)深耕施肥

每年每 667 平方米施入腐熟有机肥 5 000~8 000 千克,均匀翻入 25 厘米深的土壤中。

(二)整地做垄

采用平地开沟起垄(垄高 10 厘米,垄距 60 厘米),每垄扦插双行。

三、硬枝插条苗及嫁接苗的培育

葡萄插条苗是利用优良品种和抗性砧木的休眠枝或半木质化的绿枝进行扦插繁殖的苗木,又称自根苗或营养苗。插条育苗是当前葡萄生产应用较广泛的方法之一。但随着无病毒品种及抗性砧木的推广,各地区选用适宜当地的抗性砧木嫁接优良品种育苗是今后发展的方向。

(一)插条的采集与贮藏

插条要求在品种纯、植株健壮、无病虫害的丰产树上采集。在冬剪时剪取充分成熟、节间长度适中、芽眼饱满的品种及砧木的枝条作为扦插繁殖的种条。一般采集的种条应每 6~8 个节截成一段,50~100 根为 1 捆,用塑料绳捆好,拴上 2 个品种名标牌,防止混杂。

插条采后要用湿沙埋上,防止失水抽干。埋种条地址要求在背风向阳、地势略高地段挖东西向的贮藏沟,其深和宽各 1 米左右,长度按插条数量而定。也可利用菜窖、果窖、山洞等冬季温度在 0℃ 左右的地方贮藏。贮藏时,最好先将葡萄插条用 500～800 倍液的多菌灵或甲基托布津等杀菌剂喷布或浸泡 2～3 分钟,取出阴干后再进行贮藏。首先在贮藏沟（窖）底,平铺 7～10 厘米厚的湿河沙或细沙土;然后,将拴好 2 个名牌的插条,一捆挨一捆地横放或立放,品种名牌拴在容易看到的位置,捆间要充满湿沙,用隔标间隔,以防止品种混杂;标牌上用炭笔或墨笔写清品种名称、来源及数量。各品种种条埋的位置要记档案,以便于用时查找。一般每条贮藏沟可贮 2～4 层,距沟顶 20 厘米左右时,上部用湿沙或沙土将沟盖严,并凸起防止降雨渗水。在冬季年绝对低温在 -20℃ 以下的地区,还要增加覆盖物预防冻害。沙的湿度,要求用手攥不滴水,张手裂纹但不散为宜。贮藏沟的温度一般控制在 1℃～3℃ 比较适宜。在立春后,地温逐渐上升时,最好倒条 1 次,检查沙子的湿度和插条有无发霉现象,如有发霉种条,可用 500 倍的多菌灵或百菌清、菌毒清等杀菌药液喷布或浸泡 2～3 分钟后阴干,再进行贮藏。

(二)插条剪截与清水浸泡

插条长度 12～15 厘米,以留 2～3 个节位剪截为宜。顶芽要求饱满,距芽上 1～2 厘米平剪,下剪口距下芽 1～3 厘米斜剪,以便识别上下,防止顶芽浸药和扦插时上下颠倒。

将剪好的插条每 50 根捆成 1 捆,用清水浸泡 12～24 小时,取出,待表水阴干后再浸生根药剂。

(三)催根处理

1. 药剂催根 为了促进葡萄品种或砧木种条良好发根,应采用低毒的生根药剂进行处理。

(1)萘乙酸(NAA)催根 萘乙酸不溶于水,在配制前要用少量酒精或 50 度白酒溶解,然后再按浓度要求加入一定量的纯净水配成药液。一般葡萄品种及砧木的插条用萘乙酸的适宜浓度为50~100毫克/千克,即1克药粉用少量酒精溶解后,加水20千克或10千克则配成50毫克/千克或100毫克/千克的药液。浸泡插条时,首先将配好的药水倒入平底的大水盆或水池中,药液深3~5厘米,然后将用清水泡好且表水晾干的插条,下部撅齐后,一捆挨一捆地立放在药池中,插条斜面向下,注意防止上下颠倒和顶芽浸药,药液要浸到插条基部3~5厘米处。浸泡时间8~12小时。取出后可直接进行田间扦插,也可上电热温床或火炕加温(25℃~28℃)催根。如温度、湿度调整好,经18~20天,发根率可达85%以上;而单用清水浸泡发根率仅为48%;采用浸生根药和电热温床或火炕结合的方法,发根率较高,一般能达95%左右,而且发根整齐。

(2)ABT生根粉 在葡萄品种或砧木上应用较多的是ABT 2号生根粉。该药不易溶于水,如用1克药粉必须先用少量酒精或50度白酒10~20毫升溶解后,再加清水10千克或20千克,即可配成50毫克/千克或100毫克/千克的药液浸泡插条进行催根,浸泡8~12小时后即可插入温床或营养袋中育苗。如地温达7℃以上时,可在田间覆盖地膜,再用扎眼器把地膜扎孔后,将葡萄种条直接插入地中育苗。

2. 电热催根 电热催根是当前生产上应用较普遍的方法,是由电热线和控温仪组成(图4-1,图4-2)。如没有控温仪可利用高质量电褥子的高、中、低挡开关接在电线上组成电路,用高低挡控制温度,效果也很理想,一般能达到28℃左右。如再加设直管温度计2~3支,就能更准确地掌握催根温度。用其DV系列电热线长度按育苗量而定。控温仪以上海医用仪表厂生产的Wmzk-01型温度指示控温仪效果较好。苗床位于有电源的冷屋或室外平地挖深0.6米、宽1.2~1.5

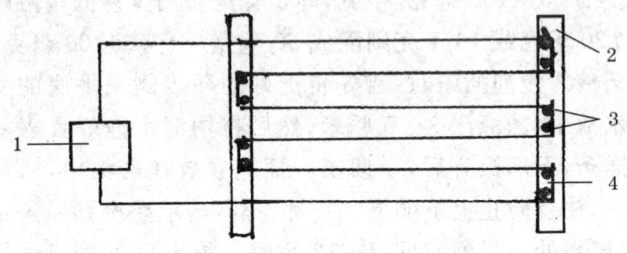

图 4-1 电热线拉结图
1. 控制仪（或电褥子开关） 2. 木板 3. 铁钉 4. 电热线

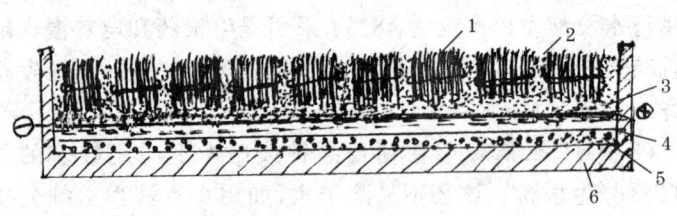

图 4-2 电热线催根断面图
1. 葡萄条 2,3. 河沙 4. 电热线 5. 保温物 6. 砖框

米、长10～20米的地下式苗床，床底平铺10厘米厚的麦秸或稻草等保温物，其上平铺5～6厘米厚的河沙或珍珠岩或蛭石为基质，踩实压平，在床的两端用等长的小木方固定（6厘米×4厘米），在木方上按5厘米间距钉1根小塑料钉或铁钉，将电热线一端以"弓"字形拉紧、拉直，两端分别接在自动控温仪的正负电源上，然后进行温度测试。如电热线增温正常，即可断电，在电热线上平铺2～3厘米厚的河沙或珍珠岩或蛭石，将浸过生根药的插条捆，基部掇齐朝下，一捆挨一捆地立放在苗床上，捆间空隙要用河沙或珍珠岩或蛭石填满，插条顶芽露在外边；全床摆满后，将测温仪测温探头及直管温度计插入插条底部基质内，然后通电加温，将床温控制在25℃～

28℃,最高不要超过 30℃,如床温超过 30℃时,可浇水或断电降温,使其床温降至 28℃左右,床外气温以 5℃以下为宜。催根基质(珍珠岩、河沙等)的水分含量,以手攥成团不滴水,松手有裂纹而不散为宜。如手攥滴水,说明湿度过大,松手即散则说明含水量过少,要注意调节。在上述条件下,经 18~20 天插条基部就能长出乳白色的愈伤组织和幼根,此时要停电 2~3 天,经降温锻炼后,即可插入田间育苗的大垄或装入育苗袋里进行育苗。

3. 火炕催根 该方法的基质平铺方法同电热法(图 4-3)。火炕催根在背风向阳地段可利用催地瓜苗的回龙炕进行,床温和基质的湿度与电热法相同,其催根效果也很好。

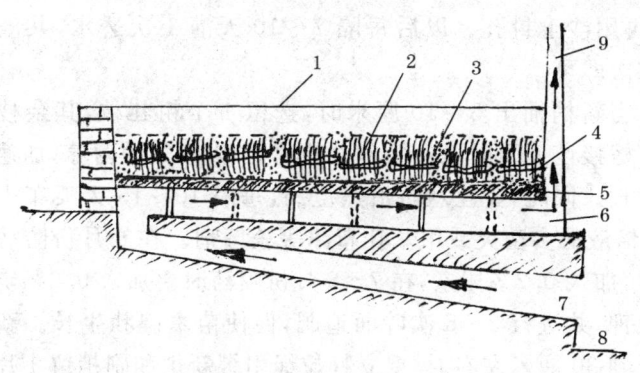

图 4-3　回龙火炕催根
1. 覆薄膜　2. 葡萄条　3,4. 河沙　5. 炕面
6. 花洞烟道　7. 主烟道　8. 灶炕　9. 烟筒

(四)硬枝插条育苗

在繁殖葡萄插条苗的小区,每 667 平方米施腐熟农家有机肥 3 000~4 000 千克,翻入 30 厘米深的耕层,耙平后按垄宽 60 厘米间距开沟,沟宽、深各 20 厘米左右,做成半圆形垄,

以便于插后灌水。每垄双行,其行距为30厘米,株距12～15厘米,以利于通风透光和田间绑蔓、除萌、喷药等作业。垄面耙平后灌水,待水渗下稍干时,垄面、垄沟上均喷布除草剂防除杂草。目前,生产上用在葡萄育苗地的除草剂有美国产的拉索乳油(又称甲草胺)和国产的乙草胺、地乐安等,它们对葡萄插条生根和生长没有影响。每667平方米喷除草剂药量及方法按说明应用,用喷雾器均匀喷布在地面上,然后扣上地膜,保持水分,提高地温,使药剂形成药膜以提高除草效果。当地温上升到10℃以上时,在扦插前先用铁制的扎孔器,按行、株距破膜扎孔,然后将催根的插条插入孔中,顶芽朝南露在地膜外,在沟内垄上灌水。灌水时,在垄沟扎眼破膜以便渗水,再用沙土封孔。以后每隔7～10天灌1次透水,共灌水5～6次即可。

当新梢抽出5～10厘米时,选留1个粗壮枝,其余枝抹掉。嫁接苗要及时除掉砧木上的萌蘖,以便集中营养,加速苗木生长。同时,要注意防治黑痘病,每隔10～15天喷布1次800倍液的多菌灵或甲基托布津等杀菌剂。在6月份防病喷药时,加入0.2%尿素,在7～8月份喷药时要加入0.2%磷酸二氢钾,共进行3～5次叶面追肥,促使苗木健壮生长。新梢生长到30厘米左右时,要立杆拉绳引绑新梢和副梢留1片叶摘心。立秋前后(8月上旬)对苗木新梢要进行摘心,使苗木加粗和充实,早日达到木质化的标准成苗。

(五)营养袋育苗

是将催根后的插条苗装入营养袋中,移到塑料大棚或露地进一步培育,使其加速生长。用营养袋苗建园,便于运输,成活率较高,一般达95%以上,并且长势较好,高度一致。一般年生长粗度达1厘米以上,第二年均能开花结果。

四、嫁接育苗

(一)绿枝劈接育苗

当前生产上都因地制宜地选择抗性砧木的插条苗或砧木种子实生苗,用适应当地的优良品种进行绿枝劈接育苗。以辽西地区为例,于5月下旬至6月下旬,砧木和品种接穗的新梢(绿枝)抽出8~10片叶子,茎粗达0.5厘米左右,大部分苗木基部已经达到半木质化时,是绿枝劈接的最佳时期。首先对砧木进行摘心、抠除腋芽和副梢,促进加粗生长。2~3天后,在砧木基部留2~3个叶片,节上留2~3厘米的节间剪断,用半片刮脸刀片或锋利的芽接刀,在砧木剪口中间垂直劈开,深度2~2.5厘米,再取与砧木粗度接近的品种绿枝接穗,用单芽嫁接,在芽上1~1.5厘米和芽下的2~2.5厘米处断开后,放在小塑料桶中用湿毛巾盖上备用。嫁接时,将接芽取出,于接芽下方0.5~1厘米处削成两侧平滑的长2~2.5厘米的楔形斜面,立即插入砧木劈口中,使砧穗形成层对齐;如砧穗粗度不一致时,至少一侧对齐。接穗斜面刀口上露出1~2毫米,俗称"露白",以利于愈合。然后用1厘米宽无毒有拉力的塑料薄膜条(带),从砧木接口下边向上缠绕,留出接芽,一直缠绑到接穗顶部刀口,封严后返回打结即可(图4-4)。

1. 绿枝劈接苗管理 嫁接后要及时灌水,抹掉砧木上的萌蘖,并加强病虫害的防治工作。当接芽抽出20~30厘米新梢时,选留1条粗壮枝,引绑在竹竿或铁丝上,防止风折,以利于通风透光和减少病虫害发生。同时,对接穗上萌发的副梢留1片叶摘心,以促进新梢的生长。在6~8月份,每隔10~15天喷1次杀菌剂并加0.2%尿素,防止病虫害发生和促进苗木生长。每隔15天左右灌1次透水。在8月末至9月初

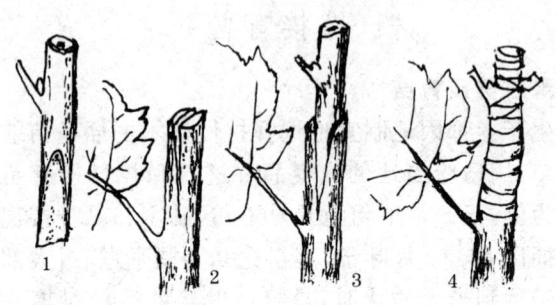

图 4-4 葡萄绿枝劈接
1. 削平接穗 2. 剪砧切直切口 3. 插接穗 4. 封顶包扎

对新梢摘心,并结合防治病虫害,喷布 0.3% 磷酸二氢钾 3~5 次,以促进苗木新梢健壮生长。

2. 抗性砧木选择 根据各地自然气候、土壤和病虫害等情况,选择适宜的砧木,先培养优良抗性砧木插条苗,当年或第二年进行绿枝嫁接育苗。砧木插条育苗方法与品种插条育苗方法相同。

主要抗性砧木有以下品种:①抗寒性强的砧木有东北山葡萄、公酿系、北醇、山贝、贝达,山河系 1~4 号等。这些砧木在沈阳地区都能露地越冬而无冻害。②抗旱性强的砧木有 5C、5BB、420A、1103P、110R 等。我国的龙眼品种有抗干旱、根系强大、寿命长的优点,可推广利用。③抗湿、耐盐碱性强的砧木有 420A、5BB、SO_4、1616C 和贝达等。④抗葡萄根瘤蚜和根结线虫的砧木有 5C、SO_4 和,而极抗根瘤蚜的有 1616C、1613C、3309C 等。但 1616C 不抗根结线虫,所以应适地适树选用。

(二)硬枝嫁接育苗

采用冬季休眠的抗性砧木枝条和优良品种的枝条,在春季室内利用劈接或舌接方法繁殖的苗。育苗要选适宜本地区的抗性砧木和优良品种,如在我国西北的陕、甘、宁降水量较少的干旱地区,应选择抗干旱的 SO_4、5C、5BB 等砧木和红地球、红高、红意大利、早生甲斐路、里扎马特等优良品种的接穗进行嫁接较好。在滨海和内陆盐碱地,应选择 1616C、420A、贝达和 5BB 等耐盐碱、耐水湿性能强的砧木嫁接凤凰 51、京秀、香红、巨玫瑰、玫瑰早、奥迪亚无核、碧香无核、金星无核等优良品种育苗较好。

硬枝嫁接时间与方法:春季(4~5月)气温上升到 5℃~6℃时,可在室内采用硬枝劈接或舌接的方法进行嫁接(图 4-5),接后砧木基部蘸生根药剂,在电热线或电热毯上用河沙做基质加温到 25℃~28℃催根,室温要低于 5℃,以抑制接穗提前发芽。砧木与接穗的接口愈合,砧木生根,以提高成苗率。其催根方法与插条育苗方法相同(图 4-5)。

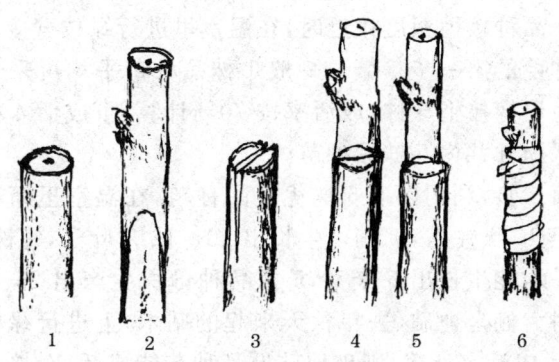

图 4-5 葡萄硬枝劈接

1. 剪断砧木 2. 削平接穗 3. 切开砧木接口
4. 插入接穗 5. 至少一面对齐 6. 包扎后准备催根

五、"三步"快速育苗法

"三步"快速育苗法,群众称为"三级跳"育苗法。该育苗法在辽西地区被葡萄苗木生产专业户张殿新、李先明等广泛应用,是辽宁繁殖葡萄优良品种种苗多、快、好的成功方法。其具体育苗过程如下。

第一步,首先是在2月上中旬于日光温室中利用电热线加温栽植优良品种苗木,使床下地温逐步上升到20℃~25℃,当苗木长出新根、芽眼开始萌动抽梢生长时,将室温由25℃再升到28℃,使品种苗新梢生长转快,一般经30~40天,就能长出10~15片叶子。温室里栽植的砧木苗,因生长快,应比品种苗晚栽5~7天,使砧木苗新梢和品种苗新梢的粗度相近,以提高绿枝嫁接成活率。砧木苗新梢抽出8~9片叶子时摘心,并抠除副梢和腋芽,促进其加粗和半木质化。当砧木及品种接穗粗度接近时,在温室里进行绿枝劈接,这是优良品种苗的第一步扩繁。一般1株品种苗平均可采5个芽,在温室里嫁接上5株,成活率按70%计算,可成活4株,再加上1棵原株共为5株品种苗。

第二步,利用以上5株优良品种苗,在温室里精心管理,一般经40天左右,新梢可生长出10~12片叶子,每株品种苗新梢平均能生长出5个芽,5株品种母株生产出25个接芽,在塑料大棚坐地砧(去年秋天未起的砧木)上进行绿枝嫁接,按80%成活率计算,则坐地砧上品种苗能成活20株,加上日光温室里的5株,共有25株优良种苗。这是完成第二步优良品种苗扩繁。

第三步,这时气温不断提高,露地栽植的砧木苗或经催根的插条砧木苗,生长加快,在6月中下旬,砧木苗长出7~8片叶子时摘心,促进加粗和半木质化,这时大棚里坐地砧上的品种苗和日光温室里品种苗的新梢又抽出10~13片叶子,在25株品种苗上,平均每株采5个芽,共提供125个品种接芽,按70%成活率计算,可成活88株,加上温室5株和大棚坐地砧苗20株,共113株优良品种苗。

通过以上三步快速繁育优良品种苗木,增加繁殖系数,在精心管理下,1株优良品种苗可繁殖苗木100多株,苗木新梢粗度可达0.6厘米以上,留5~7个饱满芽剪截,有5条以上15厘米长的根,无病虫害,即成为优良品种的标准苗木。

六、葡萄苗木标准

葡萄苗木是建园生产的物质基础。苗木质量的好坏,直接影响栽植成活率高低、树势强弱、结果早晚、产量高低和树的寿命等。葡萄苗在生产上主要用插条苗(自根苗)和嫁接苗,也有少数用压条苗的。各种葡萄苗质量指标,NY469—2001文件有具体的标准规定(表4-1)。

表4-1 葡萄苗质量标准（NY 469—2001）

种类	项目		一级	二级	三级
自根（插条）苗	品种纯度		≥98%		
	根系	侧根数量/条	≥5	≥4	≥4
		侧根粗度/cm	≥0.3	≥0.2	≥0.2
		侧根长度/cm	≥20	≥15	≥15
		侧根分布	均匀、舒展		
	枝干	成熟度	木质化		
		高度/cm	≥20		
		粗度/cm	≥0.8	≥0.6	≥0.5
	根皮与茎皮		无损伤		
	芽眼数/个		≥5		
	病虫危害情况		无检疫对象		

续表 4-1

种类	项目		一级	二级	三级
嫁嫁苗	品种纯度		≥98%		
	根系	侧根数量/条	≥5	≥4	≥4
		侧根粗度/cm	≥0.4	≥0.3	≥0.2
		侧根长度/cm	≥20		
		侧根分布	均匀、舒展		
	枝干	成熟度	充分成熟		
		枝干高度/cm	≥20		
		接口高度/cm	10～15		
		粗度/cm 硬枝嫁接	≥0.8	≥0.6	≥0.5
		粗度/cm 绿枝嫁接	≥0.6	≥0.5	≥0.4
		嫁接愈合程度	愈合良好		
	根皮与茎皮		无新损伤		
	接穗品种芽眼数/个		≥5	≥5	≥3
	砧木萌蘖		完全清除		
	病虫害情况		无检疫对象		

第五章 葡萄生产园的建设

一、绿色食品葡萄生产园地选择

各个地区应在全面规划、统筹安排的基础上,首先遵照农业部颁布的各项农业行业标准,如 NY/T 391—2000《绿色食品 产地环境技术条件》和 NY/T 5087—2002《无公害食品 鲜食葡萄产地环境条件》标准进行,并要选择无工矿企业"三废"对空气、灌溉水和土壤环境污染地区,并远离公路、铁路干线,避开城市工业垃圾污染地区,建立绿色食品葡萄生产基地。其空气质量、灌溉水和土壤环境的质量标准见第二章。

二、葡萄园的规划与设计

建立大型绿色食品葡萄生产基地,必须在调查、测量的基础上,进行科学的规划和设计,使之合理地利用土地,符合现代化先进的管理模式,采用最新的技术,减少投资,提早投产。在无污染的生态环境里提高浆果质量和产量,可持续地创造较理想的经济效益和社会效益。

在乡、镇、村土地由个体农民承包的情况下,要实行"统一规划,分片经营,统一技术,按劳分红"的原则,使土地连成片,才能实施机械化和水利化,建立高起点、高标准、高效益的绿色食品葡萄生产的商品基地。

(一)规划与设计的准备工作

葡萄生产基地的规划、设计内容及方法步骤:首先要进行调查、收集当地气象、地质、土壤、水文和果树资源资料。其次,对国内外市场进行调查,了解国内外畅销的鲜食品种和加工的产品。如我国京、津地区市场对葡萄果粒大小适中、色艳、肉质偏脆、酸甜适中、有玫瑰香味或草莓香味的品种畅销,如玫瑰香、京秀、凤凰51、87-1、玫瑰早、早甲斐路和巨玫瑰等。第三,对各地区葡萄的贮藏、加工和交通运输能力以及当地社会的购买力等社会经济情况的掌握。第四,收集或测绘本地区的地形图和了解水源、劳动力等情况。

(二)园地规划

1. 电、水源的选择与确定 在选择葡萄园基地时,首先考虑电、水源的问题。温室、冷库,都离不开电源,所以,电源建设是重中之重。水源,无论是提引河水,还是打深井提水,其水质都要符合绿色食品葡萄生产的标准。规划水源地应尽量设在地势偏高作业区的中心,以便于拉电提水,节省费用。

2. 田间区划 对作业区面积的大小、道路、灌排水渠系网和防风林都要统筹安排。根据地区经营规模、地形、坡向和坡度,在地形图上都要进行细致规划。作业区面积大小要因地制宜,平地20~30公顷为1个小区,4~6个小区为1个大区,小区以长方形为宜,长边与葡萄行向一致,以便于田间作业;山地以10~20公顷为1个小区,以坡面等高线为界,决定大区的面积。小区的边长应与等高线平行,以利于灌排水和机械作业。

3. 道路系统 根据基地果园总面积的大小和地形、地势决定道路等级。在千公顷以上的大型葡萄园,由主道、支道和田间作业道三级组成。主道设在葡萄园的中心,与园外公路相连接,要求能对开两排载重汽车或农用拖拉机,再加上路边的防风林,一般道宽为8~10米。山地的主道可环山呈"之"字形建筑,上升的坡度要小于7度为宜。支道设在小区的边界,一般与主道垂直连接,宽度为4～5米,可通单排汽车或拖拉机。田间作业道是临时性道路,多设在葡萄定植行间的空地,宽为3～4米,便于小型拖拉机和马车等作业和运输物资行走。

4. 灌排水渠系统 灌排系统一般由干渠、支渠和田间毛渠三级组成。各级水渠多与道路系统相结合,一般在道路一侧的路沟为灌水渠,另一侧为排水渠,交叉地方可用渡槽和水管连接。主灌水渠与水源连接,主排水渠要与园外总排干水渠连接,各自有高程差,做到灌排水通畅。有条件的地区,也可设滴灌和暗排,以节电省水,效果更佳。

5. 防风林设计 防风林能很好地保护果园不受风沙危害,并可调节果园小环境的气温和湿度,起到防止水土流失的作用。防风林最好与道路结合,主林带也要与当地主风向垂直,防风林带防风距离为林带高度的20倍左右,一般乔木树高为8～10米。所以,主林带之间距离多为400～500米,副林带间的距离为200～400米。林带树种为乔木、灌木混栽组成透风型的防风林,防风效果较好。主林带栽5～7行,约10米宽;副林带为3～4行,约6米宽。北方防风林常用的乔木树种为杨树、旱柳、松、柏等,灌木树种有紫穗槐、杞柳、花椒树等,一般林带面积占葡萄园面积的8%～10%。

6. 园内建筑物建设 大型果园里设有办公室、作业室、车库、贮藏冷库、日光温室、水泵房、职工宿舍和畜禽舍等。

(三)葡萄园的行向与行株距设计

1. 葡萄园的行向选择 葡萄的行向与地形、地势、光照和架式等有密切关系。一般地势较平的葡萄园,多采用棚架,南北行向,葡萄枝蔓顺着主风向引绑。这样,日照时间长,光照强度大,特别是中午葡萄根部能受到阳光,有利于葡萄的生长发育,能提高浆果的品质和产量。立(篱)架、T型架和双十字型架也以南北行向光照好。山地葡萄园的行向,应与坡地的等高线方向一致,顺坡势设架,以利于紧铁丝和灌、排水等项作业。葡萄枝蔓由山坡下向上爬,光照好,可节省架材。

2. 葡萄的行株距设计与每667平方米株数 葡萄的行株距因架式、树形、气温和品种长势不同而异。在我国北部年绝对低温-15℃以上的地区,因葡萄冬季需要下架埋土防寒,多用中、小棚架和龙干型树形,其行株距为5~6米×0.6~1.2米;在我国中、南部温暖地区栽培长势较旺的品种,采用大棚架或水平式棚架和龙干型树形,行株距为6~8米×0.8~1米,即单龙蔓形的株距为0.8米,双龙蔓形株距为1.2米;在水平式连棚架上也有采用"X"字型和"H"字型的树形,行株距均为6~8米。其各种架式常用树形的行株距及每667平方米栽植株数见表5-1。

表5-1 葡萄常用的行株距及每667平方米栽植株数

架式(架形)	主要树形	行株距(米)	每667平方米株数
单立(篱)架	多主蔓自由扇型	2~3×2~2.5	167、133、111、89
单立(篱)架	单臂水平型双层	2.5~3×2.5~3	107、89、74、79
T型架及丰字型架	"V"字型	2.5~3×3~3.5	89、74、74、88
双立(篱)架	单臂水平型双层	3×2.5~3	89、74
小棚架	龙蔓型(单、双蔓)	5~6×0.6~1.2	222、185、111、93
大、中型棚架	单(独)龙蔓型	6~8×0.6~0.8	185、139、137、104
大、中型棚架	双龙蔓型	6~8×1.0~1.2	66、63、93、69
大、中型棚架	多主蔓自由扇型	6~8×0.8~1.0	139、104、111、83
水平式连棚架	"X"字型、"H"字型	6~8×6~8	18、14、14、10

注:每667平方米栽植株数小数点后用4舍5入法

三、建园前的土壤准备及改良

建葡萄园前的土壤准备工作,主要包括清除原有土地上的无用植被、平整土地、测量等高线、挖定植沟及各类土壤的改良工作。这里重点介绍沙荒地、盐碱地、山坡地、黏重土壤及南方红壤的改良方法。

(一)清除植被和平整土地

在未开垦的土地上,常长有树木、杂草等植被,建园前应连根清除。如在已栽植过葡萄的土地上再植葡萄时,一定先将老葡萄根彻底挖除,再进行土壤消毒,可用50%辛硫磷乳油2000倍液或48%维巴亩(保丰收)水剂或二氯丙烯作为消毒剂施入原树盘的根际,然后翻入深30厘米左右的土壤中即可。全园的土壤要进行平整,平高垫低,在山坡地要测出等高线,按等高线修筑梯田,以利于葡萄定植和搭建葡萄架,更有利于灌、排水和水土保持工作。所以,在建园前应尽可能把土地整平,至少把葡萄定植行上的台田或条田畦面整平,以便于机械的各项作业。

(二)定植沟的土壤改良

葡萄是深根果树,一般根深达1~2米。栽植后要固定在土壤里20~30年,每年生长、开花、结果都需要大量的营养物质。因此,对各类土壤都要挖定植沟,增加有机肥和其他物质进行改良。由于葡萄定植行距较远,株距较近,在生产上应用定植沟改良土壤的方法进行栽植,植株成活后,每年继续在定植沟的一侧加宽0.3米,深0.6米,施入有机肥3000~5000千克,进行扩沟施肥,在行间种植豆科作物进行改土。

1. 沙荒地的改良 我国沙荒地较多,要大力开发利用栽植果树。但沙荒地土质瘠薄,有漏肥、漏水的缺点。因此,在定植之前,必须对定植沟内的土壤进行改良,定植葡萄后再对全园的土壤逐步进行改良。沙荒地定植沟的规格深宽各1.2米,沟底先垫20多厘米的黏土,以保水、保肥,其上用黏土、碎玉米秸或麦秸、农家有机肥与表层沙土混合填入沟中,与地面相平,农家肥每667平方米用量8 000千克,定植后每年每株进行秋施肥50~80千克,要施黏土与农家肥、秸秆的堆肥,逐年加宽定植沟进行土壤改良,给葡萄根系创造良好的生长环境。

2. 盐碱地的改良 盐碱地一般地势低洼,地下水位偏高,土壤含盐量较多,容易导致葡萄树体早衰,产量下降。因此,盐碱地栽植果树必须先进行土壤改良,使土壤盐分降至果树的耐盐限度后,才能进行栽植。葡萄的耐盐碱限度,据笔者鉴定,如巨峰、玫瑰香、黑汉、龙眼、紫丰等品种自根树能在土壤含盐量为0.23%的条件下正常生长、结果。如用耐盐碱砧木贝达、5BB、420A和1616C等嫁接品种苗,则生长、结果更好。盐碱地土壤的改良措施如下。

(1)**建立灌、排水渠系,引淡水洗盐** 通过挖沟,使台田、条田建立灌排水渠系,引入淡水灌入台田、条田畦面上,浸泡3~5天后排出,反复3~4次,可使盐碱土壤淡化。

(2)**深耕增施有机肥** 盐碱地土壤比较板结,通透性差,每667平方米增施有机肥8 000千克左右,深翻25~30厘米,能疏松土壤和中和盐碱,并改良土壤的理化性质,促进团粒形成,提高土壤肥力,减少土壤水分蒸发,抑制返盐碱作用。

(3)**地面覆盖** 在葡萄行间及树盘上都可覆盖10~20厘米厚的麦秸、稻草、碎玉米秸、沙土等物质或种植绿肥,一方面可减少地面水分蒸发,抑制土壤返盐,另一方面又能减少杂草生长,增加土壤有机质。每隔2~3年后,将覆盖物翻入地下,再重新覆盖,对减少返盐、增加有机质作用明显。但秸秆要用土块等物压住,以防止风吹和着火。

3. 山坡地土壤改良 山坡地有不同的高程、坡向和坡度,对温度、光照、水分和土壤的影响很大。坡上空气流通、温度易发生变化,昼夜温差大,冬季果树易发生抽条和冻害;坡下峡谷低洼处,冷空气易下沉,早春和晚秋易发生霜冻。

(1)治理坡地沟谷 在建园坡内的大小沟谷,易造成水土流失,影响交通和葡萄园管理。因此,对较小的沟谷要尽量填平,以便统一区划。挖好1米×1米定植沟,每株施有机肥200千克,与表土混合填平。对较大的难以填平的地段,要砌成石谷堵水降速,沟头和沟坡要实行石土工程、造林、种草综合治理,以防止沟谷扩展。

(2)修筑梯田 通常在10°以上的山坡,建园时都要修筑梯田。在坡度不大,坡面较平坦的地段,为了提高耕作效率,可以修筑较宽的梯田面,每一梯田面上横坡栽植行数由几行至数十行篱架葡萄。梯田面窄,容易施工,土壤的层次破坏小,保肥保水力强,便于果园各项作业。梯田面较宽,可采用向内倾斜式的台田面,防止雨水冲刷。台田横面要外高里低,有0.2%~0.3%的比降,降雨时台田面上的水可由梯田埂处流向台田里边的排水沟,逐级排出园外。一般葡萄园梯面的长度以100~200米较适宜,如过长则对灌、排水和其他作业均不方便。梯田壁修筑一定要牢固,防止下雨冲垮,造成损失。梯田壁有石头砌成的,比较牢固耐久。如无石头地区,用山皮土块砌成也可,但要注意经常维修。

4. 黏重土壤改良 黏重土壤通透性差,比较板结,土壤中空气少,不适宜果树根系生长。因此,重黏土地上栽植果树之前,需要挖定植沟或定植坑进行土壤改良,其深、宽为

1.2米×1.2米,要将表土与底层心土分别放在沟的两侧。回填土时,先在沟底铺上20～30厘米厚的河沙或作物秸秆,其上用表层土掺沙土与腐熟农家有机肥和适量磷肥混合填平,用心土在定植沟两侧筑成畦埂,灌水沉实后再行定植。每667平方米地用农家肥5 000～8 000千克和沙土40～50立方米,过磷酸钙100～200千克,混匀后回填。

5. 南方红壤改良 红壤主要分布在长江以南至岭南山地的辽阔地带的低山丘陵地区,在江西、湖南两省分布最多,在云南、广西、广东、福建、贵州、四川、湖北等省均有分布。红壤地区一般是高温多雨,土壤水土流失严重,所以红壤存在瘠、酸、黏、板的问题。主要采用以下措施:①加强水土保持工作。红壤分布地区高温多雨,而雨量分布不均,特别坡度较大地区,水土流失严重。要想建立葡萄基地,必须进行修筑台田,做好保持水土工作。②增加有机肥。红壤地区水土流失严重,土壤中有机质含量较低,耕层有机质含量为1.5%～0.57%,不利于葡萄等果树生长发育。所以,在栽植葡萄之前,在定植沟中要求每667平方米施5 000～8 000千克有机质肥料,在定植后每年每株还要扩沟增施腐熟有机肥料50～80千克,才能满足葡萄多年生长、结果的需要。

(三)葡萄架式选择

葡萄是多年生的藤本果树,枝蔓柔软、细长,在栽培上必须设立支架,才能使葡萄树保持一定树形,使之通风透光,果实、枝叶才能合理而均匀地分布,生产出的果实才能色泽鲜艳,品质好。葡萄生长要有一定的架式,以改善风光条件,减少病虫害发生,并且方便各项作业。

葡萄的架式、树形和整形修剪方法三者是密切相关的。一定的架式要求有一定的树形,而一定的树形必须采用一定的整形修剪方法,三者互相配合、互相协调,才能生产出优质、高产的产品。各种架式结构介绍如下。

1. 立(篱)架 立架行距较小,不适宜葡萄冬季埋土防寒地区,而适宜冬季不下架或根部简易防寒地区。其行距为2~3米,株距为2~2.5米,栽植密度较大,每667平方米能栽167株。植株成形快,结果早,丰产早,以便于机械作业和各项田间管理。各种立(篱)架结构见图5-1。

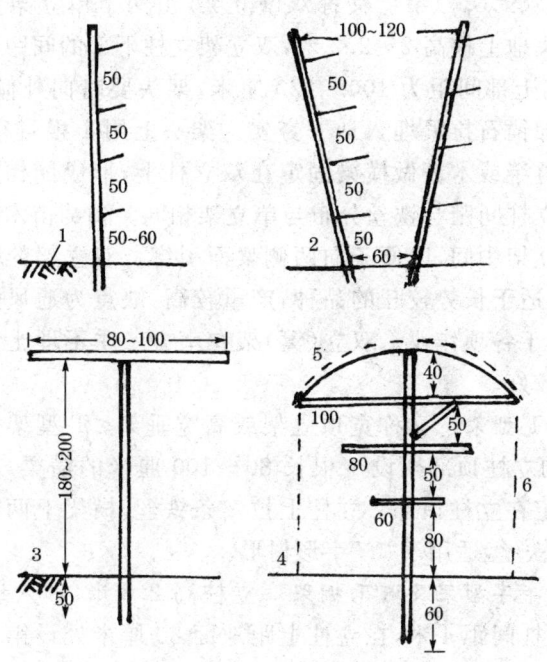

图5-1 各种立(篱)架 (单位:厘米)

1. 单立(篱)架 2. 双立(篱)架 3. T型架
4. 丰字型架 5. 避雨棚 6. 裙膜

（1）单立架　架头柱高1.8～2.2米（埋入地下的50厘米未包括在内），架头立柱（水泥钢筋柱或竹、木柱）埋时向外与地面呈45°角倾斜，并用8号铁丝加锚石拉紧，埋入地下50厘米深，夯实。沿行向柱间距离为4米，每行立柱上拉12号铁丝3～4道，第一道铁丝距地面50～60厘米，往上每隔50厘米左右拉1道铁丝，沿行向组成立架面。该架适于长势中庸或偏弱的品种和采用自由扇形或单、双臂水平型树形。

（2）双立（篱）架　又称双壁立架，由两个单立架并列组成。架头地上柱高2～2.2米，双立架立柱下部的间距为60～80厘米，上部间距为100～120厘米，架头要略向外倾斜，并用铁丝加锚石拉紧埋入地下夯实。架头上用1根直径6～8厘米的竹竿或木杆做横梁固定在双立柱上，形成倒梯形。其中部的立柱间距与铁丝分布与单立架相同。葡萄苗木定植位置在双立架中间，以便于向两侧架面引绑。双立架的优点是架面大，适于长势较旺的品种，产量较高；缺点为通风透光较差，不便于各项作业。双立（篱）架在南方冬季不埋土防寒地区应用较好。

（3）T型架　又称宽顶立架或高宽垂架。T型架是在高2.2米的立柱顶部架设1根长80～100厘米的横梁，并用斜拉杆固定在立柱顶部。立柱上拉2条铁丝，横梁上两端各拉1～2条铁丝，适用于"Y"字形树形。

（4）丰字型架及避雨棚架　立柱高2.8米，埋入地下60厘米，主柱间距4米，在立柱上距地面80厘米处设第一个长60厘米的横梁，向上间隔50厘米设第二和第三个横梁，长度分别为80厘米和100厘米，在每个横梁两端各拉1道铁丝，形成丰字型架。在多雨地区利用顶端横梁两端与柱顶三点用竹劈或细竹竿固定成小拱架。在架上拉3～4道12号铁丝，覆盖薄膜便形成避雨棚。本架适用于两条主蔓呈"V"字型树形。早春上架时将两个主蔓分别引绑在各横梁顶端的铁丝上,结果母枝或枝组自由下垂形成"V"字形叶幕,能通风透光,果实品质好。

2. 棚架 在立柱上设 1 条长毛竹横梁或用双股 8 号铁丝拧成绳,拉紧固定为横梁,其上拉 8~16 根铁丝,形成棚架面。使棚架面与地面平行或略向上倾斜,称为水平式棚架或倾斜式棚架。按其结构和架面的长短不同,其架面长 5 米以内的称小棚架,架面长 6~8 米的称中型棚架,架面长 8 米以上的称大棚架,面积连成一片的称为水平式连棚架。两个顶部架梢连接在一起成为固定的小棚架,形成屋脊形,称为屋脊式棚架;如用钢管焊接成拱形,则称拱形棚架。各种棚架结构见图 5-2。

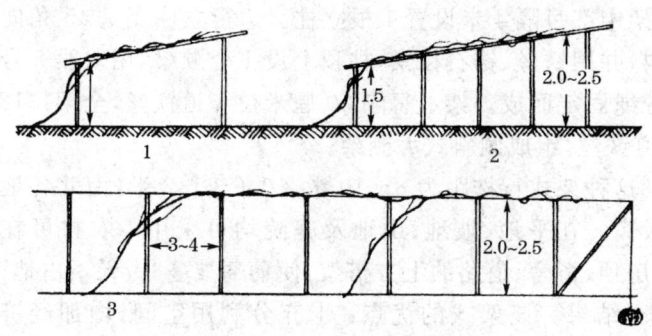

图 5-2 各种棚架 (单位:米)
1. 小棚架 2. 大棚架 3. 水平式连接大棚架

(1)水平式大棚架 适宜大面积平地园,架头柱粗为 15 厘米×12 厘米,高 2.2~2.5 米(未包括埋入地下的 50 厘米)的水泥钢筋柱,埋柱时要向外呈 40°~45°角倾斜,埋入地下

50厘米,还要用双股8号铁丝加坠石埋入地下,拉紧,夯实;中部水泥柱粗均为10厘米×10厘米,柱高2.2～2.5米。大棚架的行株距多为8～10米×0.6～1.2米,其架面上铁丝纵横间距为50厘米,呈水平面交织在一起,每个小区组成1～2个棚面,即形成水平式连棚架。

水平式大棚架的优点是架体牢固耐久,架面平整一致,比分散棚架节省架材40%～50%,适用于大面积的平地或坡地。其缺点是一次性投资较大,架面年久易出现不平。这种棚架适宜于生长势强的品种,如红地球、甲斐路、龙眼、美人指、森田尼无核和克瑞森无核等品种。

（2）倾斜式大棚架　倾斜式大棚架分单个倾斜式大棚架和多个倾斜式大棚架连接在一起,组成连棚架。其结构,架根地上部柱高1～1.2米,架梢柱高2.2～2.5米,架长8米以上,架中部每隔4米设置1根立柱。边行立柱要呈45°角向外倾斜,并用铁丝、锚石拉紧,柱顶上设1个顺梁,用双股8号铁丝拧绳固定而成。架上每隔50厘米拉1道铁丝,全架拉12～20道铁丝,组成倾斜式大棚架。

这种架式行株距为8～10米×0.6～1.2米,南北各地应用较广。在平地、坡地、山地及庭院均可采用。农村可在庭院、房顶、畜舍、道路的上方搭架,使葡萄枝蔓"占天不占地"地生长、结果。该架式的优点:①充分利用空间,增加经济收入;②庭院小气候好,利用早、晚时间管理方便及时;③果实成熟早,品质好。其缺点:在北方冬季防寒地区上下架不方便,只适宜冬季不下架埋土防寒地区,应选用长势强的品种。

（3）倾斜式小棚架　小棚架架长5～6米,架根柱地上部高1～1.2米,架梢柱高1.8～2.2米,组成倾斜式小棚架。小棚架也有单个架或多个小棚连接在一起的连体小棚架。架头主柱的埋法和顺梁的要求与大棚架相同,架上每隔50厘米拉1道铁丝,共拉5～8道,组成小棚架架面。

小棚架的优点:因架式短,植株成形快,管理方便,结果早,通风透光和果实品质好。小棚架在我国南北方广泛应用。适宜长势中庸或偏弱的品种,如玫瑰香、京秀、凤凰51、红高、巨玫瑰、特早玫瑰、玫瑰早、达米娜和奥古斯特等品种。

(4)屋脊式或拱式棚架　屋脊式棚架由两个大棚架的架梢对头连接在一起组成。多在道路、渠道的上方设置,这样可"占天不占地"。两侧柱高1.7～2米,架梢高2.5～3米,在棚架上每隔45～50厘米拉1道铁丝,将架面拉满即可。葡萄树由两侧向上对爬,长势强的品种2～3年爬满架面。

(5)钢管拱形棚架　钢管拱形架是由屋脊形架发展来的。拱架间距50厘米,主要用在较宽的街道和水渠上。在每个拱形钢管架上、中、下部用横拉筋焊接固定形成整体。架上每隔50厘米横拉1道铁丝,形成棚架面,葡萄树在两侧地上栽植,枝蔓对头向上爬,可"占天不占地"地利用土地,生产效果好。

3. 葡萄架水泥柱的规格与制作

(1)规格　葡萄架水泥柱的规格,因架式不同略有差异,如表5-2所示。

表5-2　各式葡萄架水泥柱的规格

架　式	立　柱		边　柱		备　注
	直径(厘米)	长度(米)	直径(厘米)	长度(米)	
立(篱)架	8～10	2.7～3.0	10～12	3.0～3.2	边柱外斜,行边两侧下锚石,埋柱深50～60厘米

续表 5-2

架 式	立柱 直径(厘米)	立柱 长度(米)	边柱 直径(厘米)	边柱 长度(米)	备 注
T型架	10～12	2.8～3.0	10～12	3.0～3.2	边柱外斜,行边两侧下锚石,埋入50～60厘米,横梁长1～1.2米
水平棚架	8～10	2.8～3.0	10～12	3.0～3.2	边柱外斜,行边两侧下锚石
倾斜棚架	10～12	根柱2.3 梢柱3.0	10～12	根柱2.8 梢柱3.5	边柱直立,行边两侧下锚石,埋入60厘米
丰字形及避雨棚架	10～12	2.9～3.0	12～12	3.0～3.2	架头柱略粗,略向外倾斜,下锚石,埋入60厘米,增强拉力

注：水泥柱的长度已加上埋入地下的50厘米

（2）材料　水泥柱的钢筋架,竖筋6号盘圆4根,横筋用10号铁丝,每隔15～20厘米缠绕1圈,再用细铁丝固定,结成长方形筒状。水泥用400号以上水泥,净河沙,碎石或小河卵石。

（3）制作方法

①扎架　将水泥柱的竖筋按水泥柱长度截断,再按横筋所需要的10号铁丝长度截断,用细铁丝按水泥柱规格绑成长方形的钢筋架。

②拌和泥浆　把水泥、河沙、碎石按1∶2∶4比例,加入适量水拌和成水泥沙石浆。每次要随用随拌,拌后用完。

③制盒　先用木板预先按水泥柱规格大小制定成柱盒（又称柱槽）。

④灌盒　先把少量水泥石浆放入盒底压平成一薄层,再将钢筋架放入盒内,轻轻压入盒底水泥浆中,调平后再把水泥石浆灌入柱架中压实压平,以不露钢筋为宜,然后用湿草袋盖上喷水养生。

⑤水泥柱养护　在20℃以上的气温条件下,每天喷水1~2次,8~10天后揭去草袋,使其自然干燥,经1个月牢固后才能使用。

四、葡萄苗木定植技术

葡萄品种及砧木苗木的选择,应根据各个地区气候品种区划、土壤种类和葡萄基地的生产任务确定,最好选用适宜本地区气候、土壤的无病毒品种、砧木组合苗木,选准这样的苗木建园管理起来没有后顾之忧。苗木的数量按行株距计算出每667平方米的用苗数量。一般购苗时应在预算苗木数量上增加5%左右,供选苗和第二年春季补苗之用。

(一)挖好定植沟

在规划设计好的定植沟按行株距测量出定植沟的位置,定植沟一般深、宽各1~1.2米,按土质的好坏而定。如土质疏松的砂壤土为1米×1米,重黏土和沙土需要进行土壤改良的定植沟为1.2米×1.2米,以利于根系生长。挖定植沟时,必须将40厘米左右的表层土壤和底下心土分别放置两侧,沟底放入厚20厘米左右的作物秸秆,如玉米秸、麦秸等,其上部用农家有机肥(每667平方米用5 000千克以上)与表层土混合回填,用心土在定植沟两侧筑埂,灌水沉实后再行定植。

(二)栽植时期与方法

葡萄苗木栽植时期主要是春、秋两季。春季在气温上升到10℃时(3～5月份)定植,秋季在苗木停止生长的11～12月份进行;营养钵的绿苗定植在气温稳定在15℃～20℃时(5～6月份)定植,成活率较高。

休眠的嫁接苗定植前要解除接口的塑料带并剪截根尖,再用清水将苗木浸泡12～24小时,取出后苗茎部用3～5波美度的石硫合剂消毒杀菌,苗根蘸上泥浆备用。栽植时按行株距要求,在定植沟中划标定点。一般在定植点中心挖深50厘米、直径40厘米的定植坑,将苗放在坑中心,把根系舒展均匀,逐层埋土,并用手轻轻向上提苗,使根系呈自然伸长状态,苗颈要高出地面3～4厘米,并略向上架方向倾斜,再埋土、灌水沉实,待水干后用地膜覆盖定植沟,并用土将地膜两边压住,将苗茎扎孔露出膜外,最后将苗用湿土埋成馒头状的小堆,以增温、保湿、提高成活率。

(三)葡萄定植后的管理

葡萄苗定植后,第一是要灌足头遍水,以后每隔7～10天灌1次透水。第二是抹芽定枝,当小苗成活萌芽后,要选生长旺的壮芽留1～2个培养主蔓,其余的芽及砧木上的萌蘖均及时彻底的抹掉。如留下的主蔓数目按树形要求不够时,选粗壮的蔓进行重摘心,也就是当新蔓长到八九片叶子时,留四五片叶摘心,促进副梢萌发,利用副梢培养主蔓,增加蔓数。第三是引蔓,当主蔓长到30厘米以上时,要拉铁丝或立杆及时引绑,防止风折。引绑的同时对蔓上的副梢留1片叶反复摘心,以促进主蔓加速生长。当主蔓长到1.2～1.5米时进行摘心,促进主蔓充实和加粗生长。第四是在7～8月份,要注意预防病虫害,每隔7～10天喷1次杀菌剂(药液中加0.2%～

0.3%尿素或磷酸二氢钾)保护叶片,保证幼树正常生长。第五是冬季修剪,在初霜后对主蔓进行剪截,一般蔓部直径达0.8厘米时可在饱满芽带留1~1.2米剪截,同时对副梢全部剪除即可。冬季埋土防寒地区,在初冬按防寒时间和埋土厚度及时进行埋土防寒。

第六章 葡萄主要树形及培养

一、整形修剪的作用

葡萄是藤本果树,在自然条件下靠攀缘周围物体向有阳光处生长。因此,上部因阳光充分,枝叶生长繁茂;下部因光照不足,枝芽发育不良而形成光秃带,结果少、品质差、结果部位逐年外移。所以,需通过整形修剪,按一定树形逐年修剪培养,使其成形,有牢固的骨架和发育良好的结果母枝组,以充分利用架面空间和阳光,调节树体生长与结果的关系,才能达到连年获得优质高效、绿色食品的目的。

二、葡萄修剪时期

葡萄最佳的冬剪时期,在南方是落叶后,在北方秋冬叶片霜冻后进行。修剪过早或过晚,均易造成冻害或伤流。

三、葡萄枝蔓在架面分布的要求

葡萄树的枝蔓包括主干、主蔓、侧蔓、结果母枝、新梢等。各种枝蔓在架面上有相应的空间分布,才能形成牢固完整的树形骨架,而易获得优质、高效的产品。

(一)主干的分布

葡萄树在基部培养主干。因为主干加粗生长快,冬季压倒埋土防寒地区上、下架不便,易造成主干断裂。所以,有主干的树形适宜冬季不下架地区,北方下架防寒地区已改为无干多主蔓的树形,只在地表上培养2~4个主蔓。

(二)主蔓的分布

在棚架的自由扇型树形,1年生苗木抽生20厘米左右的新梢后在地表上留2～4片叶摘心,促其生长2～3个新梢,培养2～3个主蔓,在架面上间距40～50厘米,经逐年培养,使其延伸到架梢的位置。延长梢每年留蔓的长度一般为0.8～1.2米,经过4～6年的延伸就能爬满架面。最好在定植时每个坑里栽植2～3株苗木,当年就完成基部多主蔓培养的任务。龙干型主蔓间的长势、粗细要调节均衡。在冬季下架防寒地区要将主蔓培养成3个弯:第一个弯在主蔓基部顺行向与地面呈35°角倾斜引绑;第二个弯在主蔓向立架面呈45°角左右倾斜上架,使主蔓基部形成"鹅脖"弯状;第三个弯在立架面向棚架呈135°角左右引绑,以利于调节主蔓各部位的新梢长势和便于冬季上下架防寒。

(三)侧蔓的分布

篱架和棚架大扇型的树形一般每个主蔓上分生1～2个侧蔓,以弥补架面下部的三角空间。其他树形一般不培养侧蔓。

(四)结果母枝的长度及分布

因架式和树形的不同,结果母枝多着生在结果枝组上,有的直接培养在主蔓或侧蔓上,而且剪留长度也因空间大小分为长(8～12个芽)、中(5～7个芽)、短(2～4个芽)梢的剪截方法,使结果母枝间距25厘米左右,均匀地分布在架面上。

(五)结果枝组的分布

结果枝组是直接着生在主蔓或侧蔓上的多年生结果单位。一般结果枝组由2个以上中、小不同的结果母枝组成,各结果枝组每年都需要更新,形成龙爪式的枝组。枝组在主蔓或侧蔓两侧分布的间距为20～25厘米。棚架上的龙蔓型、扇型树形和篱架上的自由扇型、水平型树形植株,通常在主蔓或侧蔓上的两侧直接培养结果母枝和中小结果枝组。

(六)新梢的分布

新梢是从结果母枝上抽生出来的当年枝条,随结果母枝而均匀分布在架面所有的空间,组成生长期树体最外围的叶幕层。它在架面分布的密度与结果母枝的多少和剪留长度有密切关系。结果母枝过多、剪留长,新梢分布的叶幕层就厚,通风透光不良,易发生病虫害,果实品质较差;反之,则能取得较好收成。

四、冬季修剪的方法和留芽量

冬季修剪保留的结果母枝上的芽眼数称为冬剪留芽量。冬剪结果母枝留芽的多少与架式、树形、品种、树龄和长势有直接关系。留芽量多少直接影响葡萄树的生长和结果。

(一)修剪量大小的依据

结果母枝留芽量少的称短梢或极短梢(2~4个芽)修剪,其新梢生长量大,枝条粗壮,生长较快,叶片大,是生长势强的修剪反应;如结果母枝留芽多的(8~12个芽)称长梢修剪,发出的新梢数量多,营养分散,新梢生长的速度、长度、粗度都比前者弱。新梢生长势弱,光合能力低,营养积累少,也会影响开花、坐果和产量。总之,新梢长势过强、过弱都不适宜,以长势中庸为最佳。所以,冬剪时应根据树龄大小、架面空间、树形要求、枝条粗度、枝条着生的位置和品种特性等决定留芽量的多少。

(二)结果母枝的修剪量

结果母枝的修剪长短按每株负载量确定,葡萄当前要求每667平方米每年以结果1500千克为标准。如小棚架按每

667平方米栽133株(行株距5米×1米)计算,平均每株要生产浆果11.28千克,即每株5平方米的棚架面上,每平方米留5~6个结果母枝,按每株有25个结果母枝计算,平均每个结果母枝留1~2个结果枝,负载量为0.45千克,就达到产量指标。所以,结果母枝以短梢修剪为主,配合中梢修剪。如在单篱架上,每667平方米栽111株(行株距为3米×2米),按每667平方米产量1500千克计算,每株负载结果量为13.5千克。而篱架高2米,株距2米,每株有架面4平方米,每平方米架面上平均有结果母枝6~7个,全株有24~28个结果母枝,结果母枝的修剪应以短梢留芽为主,配合中梢修剪。每个结果母枝负载0.5千克左右的重量即可。

从上述可知,每个结果母枝负载量为0.5千克左右,如每个结果母枝冬剪时的留芽量平均为5~7个,定枝时选留其中1~2个为结果枝和2~3个营养枝(靠近主蔓的1个为预备枝),就能够达到优质、稳产、高效的指标。

(三)预备枝及营养枝修剪量

一般预备枝冬剪时留芽3~6个,为下一年的结果母枝,当年产量不足时,粗壮的预备枝或营养枝也可保留1个花序结果,增加产量。如结果枝花序可满足计划产量,预备枝或营养枝长势偏弱时,将花序摘掉,以调节长势和稳定产量。

五、葡萄主要架式及适宜树形与培养、整形过程

葡萄必须依附架材支撑去占领空间。所以每年要通过人工整枝造形,才能使枝蔓合理地布满架面,充分利用生长空间,使其适应自然环境,增加光照,达到立体结果,以形成优质、丰产的优良树形。

(一)单立(篱)架采用的树形及其培养

单立架的高度为 1.8～2.2 米,行内每隔 5 米左右设 1 立柱,行距 2～3 米,立柱上第一道铁丝距地面 0.5～0.6 米,往上每隔 0.5 米拉 1 道铁丝,共拉 4 道铁丝,沿行向组成架面。南方多雨地区设避雨棚时,在立柱上加高 0.5 米,固定拱形避雨棚即可。

1. 无干多主蔓扇型树形 该树形又称自由扇型树形(图 6-1),其特点是无粗硬的主干,而是在地面上分生出 2～3 个主蔓,每个主蔓上又分生 1～2 个侧蔓,在主、侧蔓上直接着生结果枝组和结果母枝,上述这些枝蔓在架面上呈扇形分布。该树形适于单、双篱架和棚架,我国南、北方均可采用。树形培养过程:定植当年苗木萌发后,选出 2～3 个粗壮枝,培养主蔓。如主蔓数不足时,选 1 粗壮新梢留 3～4 片叶摘心,促其副梢萌发,选其中 2 个壮枝培养补充主蔓。当主蔓长到 1 米左右时,留 0.8～1 米摘心,促进加粗和充实。其上副梢除顶端 1～2 个延长生长外,其余副梢均留 1 片叶反复摘心,顶端的延长梢留 5～6 片叶摘心,其上副梢均留 1 片叶摘心,并抠除副梢上的腋芽防止再生。冬剪时按枝蔓成熟度和粗度决定剪留长度,成熟蔓粗度达 1 厘米以上时,一般蔓长 0.8～1 米,留饱满芽剪截。

第二年春季主蔓萌芽后,首先将主蔓基部 50 厘米的芽抹掉,再在主蔓顶端选留 1 个粗壮的新梢,去掉花序,培养延长枝;其次在主蔓两侧的新梢按间隔 20～25 厘米,选较粗壮的新梢培养结果母枝,其中粗壮的枝可留 1 个花序,中庸枝不留,以调节结果母枝间长势,使其均衡。再次在夏剪时,主蔓延长枝的摘心应按树形要求进行,单、双篱架上一般延长到第三至第四道铁丝后,长约 1 米左右进行摘心。结果枝在花序上留5~6片叶子摘心,其他培养结果母枝的新梢,在达到2~3道铁丝以上时摘心。副梢管理:①在花序下的副梢要及早从基部抹除。②新梢摘心后顶端的副梢留5~6片叶摘心,第二次副梢留1片叶摘心,并抠除腋芽,以防止再抽副梢。③新梢中部的副梢多采用留1片叶子摘心,并抠掉腋芽,防止再生。

冬剪时,主蔓延长梢要按枝条粗度和成熟度决定留枝长短,一般延长梢粗度达0.8厘米以上时留0.8~1米,留饱满芽剪截。其余作为结果母枝的新梢按扇型树形要求剪截,如空间较大,可长留做侧蔓;空间小者,要采用中、短梢剪留,做结果母枝。

第三年春,通过抹芽、定枝,在主、侧蔓上选好延长枝,继续培养树形。粗壮结果枝留1~2个花序,中庸枝留1个花序,弱枝不留,以抑强助弱,调节全树长势均衡,立体结果。夏季管理与第二年相同。3年生树树形培养基本完成,以后每年主要进行结果枝组的更新修剪。

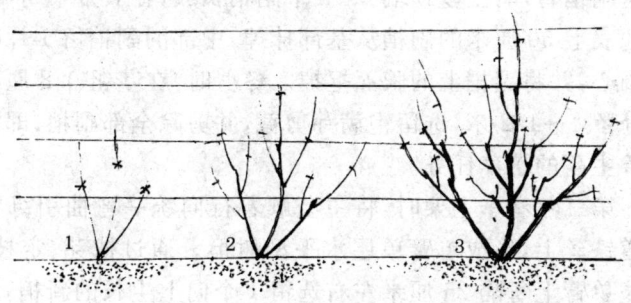

图6-1 立架自由扇型树形
1. 栽后第一年冬剪 2. 第二年冬剪
3. 第三年冬剪

2. 水平型树形 该树形在单立(篱)架上分为单臂单层水平型、双臂单层水平型、单臂双层水平型和双臂双层水平型4种类型。这些水平型树形是按篱架高低、株距大小和品种长势的不同而进行选择应用的(图6-2)。

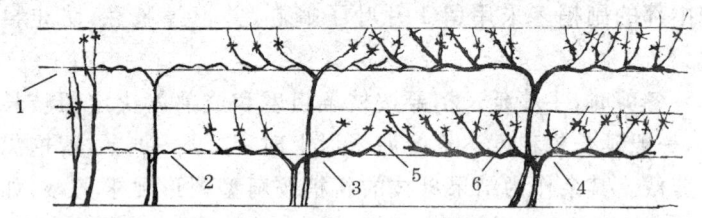

图6-2 单立架一穴双株双臂双层水平型树形培养
1. 第一年冬剪 2. 第二年春上架绑蔓 3. 第二年冬剪形成结果母枝
4. 第三年冬剪形成结果母枝及枝组完成树形 5. 结果母枝 6. 结果枝组

(1)单臂单层水平型树形培养过程 在单立架上,当年定植的苗木培养1个粗壮的新梢做主蔓,直立引绑在架面上,如株距2~2.5米,则当年留1.2~1.5米摘心,促进主蔓加粗生长。副梢管理:主蔓顶端1~2个副梢长放,在8月中旬摘心。在地表上50厘米的副梢从基部抹掉,中部的副梢留1片叶反复摘心,并将副梢上的腋芽抠掉。冬剪时,在茎粗0.8厘米左右处留1~1.2米,选留饱满芽剪截,并剪除全部副梢,即完成单臂主蔓的培养任务。

第二年春季上架时,将主蔓顺着行向统一弯曲引绑在第一道铁丝上,形成单臂单层水平型树形。通过抹芽、定枝,在主蔓单臂上每隔25厘米左右选留1个向上生长的新梢,培养结果母枝,引绑在第二、第三道铁丝上。在主蔓顶端选1个粗壮新梢培养延长枝,达到株间距时摘心。在结果母枝中,粗壮的新梢可留1个花序结果,全株留2~4穗即可,多余的花序疏掉,以便集中营养培养树形的骨架。当新梢长到40～60厘米时,引绑在第三、第四道铁丝上,并进行摘心。副梢处理均留1片叶反复摘心即可。冬剪时,主蔓延长梢视株间距剪留,一般经2年完成单臂主蔓的培养任务,其上培养2～3个结果母枝,冬剪时,结果母枝留3～5个芽短截。

第三年春季,将主蔓引绑在第一道铁丝上,萌芽后,在结果母枝上选留大而扁的主芽,将其副芽和不定芽抹掉,当新梢抽出15～20厘米、可识别出花序时,每个结果母枝选留2～3个有花序的新梢为结果枝,无花序的为营养枝,每个结果母枝上留1～2个结果枝,1个预备枝(即靠近主蔓的营养枝)。如全株花序数按负载量平均够用时,将预备枝上的花序疏掉,以促进预备枝粗壮,为下年的结果母枝打好基础。冬剪时,延长枝按结果母枝留芽量7～8个芽剪截,对结果母枝上的结果枝和预备枝各留芽3～5个短截,做新的结果母枝,与老结果母枝形成结果枝组。

第四年管理与第三年相同,以后每年主要是调整结果枝组。

(2)双臂单层水平型树形　是由单臂单层水平型树形发展而来的。与单臂单层树形不同之处主要是:在1株苗木培养2条新梢,或者每个定植坑里定植2株苗,各培养1条新梢,共培养2条主蔓,直立地引绑在第一至第二道铁丝上,长到1.2～1.5米时摘心,延长枝上和中部的副梢处理与单臂单层树形相同。冬剪时,对延长枝和中部新梢处理也与单臂单层树形相同。

第二年春季上架时,将2条主蔓与立架面略呈倾斜向相反方向引绑在第一道铁丝上。其他管理如抹芽、定枝、摘心、留花序、副梢管理和冬剪方法均与单臂单层水平型树形相同。

第三年春上架后,在主蔓臂上间隔25厘米左右的结果母枝上,要选留2~3个新梢,上边选两个有花序的做结果枝管理,靠近主蔓的留做预备枝,将花序摘除,变为营养枝,如预备枝较粗壮,可留花序结果。其他管理与单臂单层水平型树形相同。

第(1)、(2)种树形适用于长势中庸的品种和较矮的单篱架。

(3)**单臂双层水平型树形** 在高2.2米的立架上,第一年主蔓培养过程与双臂单层水平型基本相同,只是选2条略粗壮的新梢,冬剪时留1.5米左右剪截,另一条主蔓留1.2米左右剪截。在第二年春季,将较粗壮、较长的主蔓呈水平引绑在第三道铁丝上,将另一条较细弱的主蔓水平引绑在第一道铁丝上,二者延伸方向相同,即形成单臂双层水平型树形的骨架。其上延长枝、结果母枝选留及夏季管理与单臂单层水平型树形相同。冬剪的方法也与前二者相同。

(4)**双臂双层水平型树形** 该树形由两个单臂双层水平型蔓组成,只是两组水平蔓弯曲的方向不同,多用在长势强的品种和高2.2米的立架上。主要是每个定植坑上定植苗木2株或4株。如定植2株时,当年每株培养2条主蔓,通过抹芽、摘心及副梢管理,当年都能达到长度、粗度要求,完成4条主蔓培养任务。第二年春季上架时,选2个粗壮较长的主蔓引绑在第三道铁丝上,二者朝相反方向水平延伸。另外2条主蔓引绑在第一道铁丝上,二者也是朝相反方向水平引绑,其上的新梢(结果枝和营养枝)均引绑在上一层铁丝上,使其架面平整,通风透光良好。结果枝、延长枝、营养枝的摘心、副梢管理和冬剪留的长度与单臂单层水平型树形相同。

第(3)、(4)种水平型树形适用于高篱架和长势强的品种。

其优点是成形快、结果早、品质好、产量高,缺点是用苗量较多,仅适用于不下架防寒地区。

(二)双立(篱)架采用的树形及其培养

双立架是两个单立架并列组成的双行架面,其上设的立柱和铁丝的间距与单立架相同(图6-3)。双立架适宜长势较旺的品种和采用扇型或水平型树形。树形培养方法与单臂单

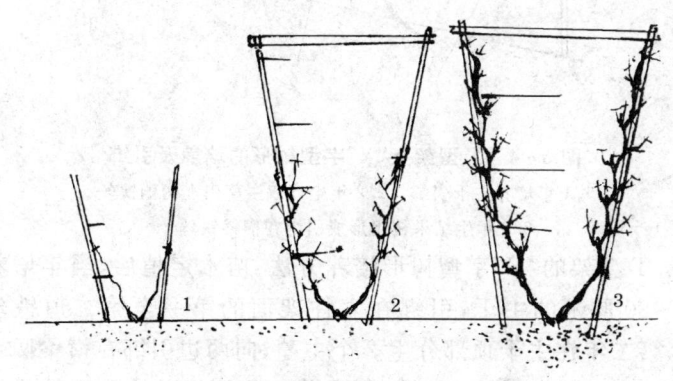

图6-3 双立架树形培养及引绑

1. 定植当年引绑及冬剪 2. 第二年冬剪结果枝短截
3. 3~4年冬剪延长枝布满架面,结果枝组形成

立架基本相同,如果苗木充足时,每定植坑栽植2~4株,每株苗木培养1~2个主蔓,使之成形快,结果早。

该架式架面多,产量高,但由于两个架面较近,各项作业不便,通风透光也不好,影响浆果品质。适用于冬季不下架防寒地区。

(三)T型架采用的树形及其培养

该树形是在高2.2米的单立架上加1个长1米左右的横梁,再用斜拉杆支撑和固定,横杆两端加拉1~2条铁丝组成

架面。其上较适宜的树形为"Y"字型树形(图6-4)。

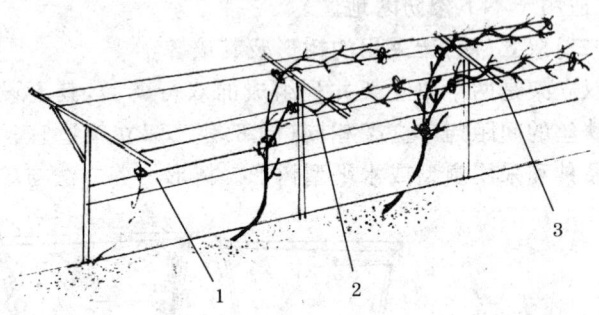

图6-4 T型架上"Y"字型树形的培养及引绑
1.1年培养主干引绑 2.2年生春双主蔓引上两侧铁丝
3.3年生结果枝组形成引绑在横梁铁丝上

T型架的"Y"字型树形培养方法:苗木定植后,当年培养70~80厘米的主干,引绑在立柱架面的第一至第二道铁丝上,第二年在主干顶部分生2个主蔓,向两边引绑在横梁两端的铁丝上,呈"Y"字型的树形,主蔓上两侧培养结果母枝或结果枝组,间距20~25厘米,每个结果母枝上培养2个结果枝和1个预备枝或称营养枝,引绑在横梁两端的铁丝上下垂生长与结果。

该树形适用于南北方地区。其优点是:增加1臂叶幕,而且两臂叶幕向上呈"V"字形开口,提高通风透光效果,果实品质好,丰产。

(四)丰字型架采用的树形及其培养

丰字型架的适宜树形是"Y"字型树形。在苗高20厘米左右时留3~4片叶摘心,促进副芽萌发,选两条长势粗壮的新梢培养成主蔓,引绑在下部第一个横梁两端的铁丝上,呈"Y"字形。在8~9月留1~1.2米摘心,使其加粗、充实。主蔓上的副梢均留1片叶反复摘心。冬剪时,主蔓在长1~1.2米,留饱满芽剪截,并除掉全部副梢。第二年,在各主蔓顶端培养1个粗壮延长枝,引绑在上部横梁两端的铁丝上,并在各主蔓两侧间距25厘米各培养1个结果母枝,其余新梢抹掉。第三年,在主蔓顶端再培养1个延长枝和2~3个结果母枝,当年爬满架。每年的结果枝与营养枝在横梁两端的铁丝上下垂结果与生长。摘心和副梢处理与其他树形相同。上年留的结果母枝已开始结果,每个结果母枝上培养1个预备枝和1~2个结果枝形成结果枝组。架面每平方米留10~12个新梢。至此,丰字型架上"Y"字型树形完成。以后每年冬剪主要进行结果枝组调整更新。

(五)棚 架

因棚架类型较多,现在将生产上常用的树形分别介绍如下。

1. 单、双龙蔓或龙干型树形及其培养(图6-5) 这种树形在我国南北方葡萄产区棚架上应用较多,技术管理规范,容易掌握。一般棚架行距5~8米,株距0.5~1.2米,现以株距1.2米,一株双蔓为例。

苗木定植当年,如每个坑定植1株苗,萌芽后在地表上要选2个壮芽培养主蔓,其余抹掉;如1个定植坑中栽2株苗,每株培养1条主蔓,共培养2条主蔓,称为双龙蔓树形。当主蔓生长到1.5米左右时,留1~1.2米摘心,其顶端留1~2个副梢长放生长,在8月中旬摘心,以促进主蔓充实和加粗。其余副梢留1片叶反复摘心,既增加幼龄叶片又控制旺长,有利于主蔓加粗、充实。冬剪时,主蔓直径可达0.8厘米以上,留1~1.2米长,在饱满芽处剪截,并将副梢从基部剪掉,就完成了第一年主蔓培养任务。

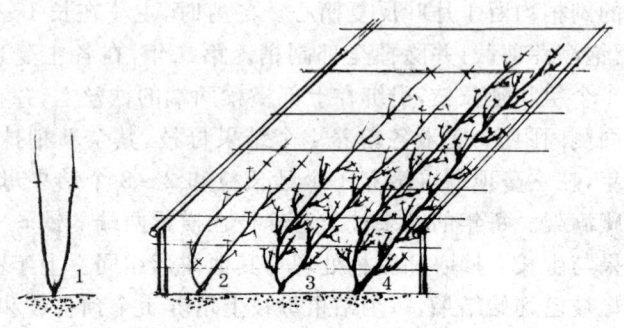

图6-5 棚架双龙干型树形
1. 栽后选2个梢作主蔓当年冬剪
2. 第二年继续培养主蔓冬剪延长梢长留,其他梢短剪
3. 第三年主蔓继续延长,冬剪时延长梢长留其他短剪形成结果枝组,过密疏掉,基本成形
4. 第四年延长梢爬满架,以后每年调整枝组

第二年春季,单龙蔓或双龙蔓上架时,第一,人工做成三个蔓弯,第一个弯在主蔓基部顺着行向与地面呈35°角倾斜引绑;第二个弯是主蔓向立架面呈45°角左右上架,使主蔓基部呈"鹅脖"弯状;第三个弯在立架面向棚架面延伸时呈135°角左右引绑。如弯度小于130°时,主蔓上方的新梢长势过强,会影响延长生长。按此法培养的主蔓在冬季防寒地区上、下架方便,埋土也不会使主蔓断裂。第二,要及早将主蔓距地面0.5米以内的萌芽从基部抹除,节约营养,促进上部新梢加速生长。第三,要选好主蔓顶端的延长枝,使之继续延长,扩大架面,当延长枝长到1.2~1.5米长时,留1~1.2米摘心。冬剪时,如直径达0.8厘米以上,可在0.8~1.2米处留饱满芽剪截和剪除其上的副梢。第四,对主蔓上发出的新梢,在主蔓两侧按间距20~25厘米选留较粗壮的新梢培养成结果母

枝,其余的枝抹掉。在留下的新梢中,粗壮枝有花序的可留1个,其余的花序摘除,全树留3~4个花序即可。中庸枝不留花序,以便调节长势,为下年多结果打下基础。第五,对结果枝的管理首先要在花序上留5~6片叶摘心,并要求将花序下的副梢及早连根抹除,花序上部至顶部中间的副梢留1片叶反复摘心;结果枝顶端1~2个副梢留6~7片叶摘心或长放延伸,在8~9月时再摘心。第六,对无果穗的营养枝一般生长到14~15片叶时留10~12片叶摘心,顶端留1~2个副梢继续长放,到8~9月时摘心,其余副梢均留1片叶反复摘心即可。冬剪时,延长枝粗度达0.8厘米以上时,可在0.8~1.2米处留饱满芽剪截,并剪除副梢,结果枝及营养枝留3~5个芽剪截,做下年的结果母枝。

第三年春季萌芽后,如主蔓50厘米以下仍有萌芽,从基部彻底抹除;各结果枝选粗大而扁的主芽留3~4个,其余抹掉。当新梢长到25厘米左右,可识别出花序的大小时进行定枝。定枝作业一般分两次进行:第一次要多留枝20%左右,防止遇风、雹等自然灾害损失;第二次在新梢长到35厘米引绑上架时,在每个结果母枝上留2~3个新梢,其中选靠近主蔓附近的新梢作预备枝(或称营养枝)。如全株花序够用时,将预备枝上的花序疏掉;如花序量不足时,预备枝也可保留1个花序,完成单株产量。结果母枝上部的1~2个新梢,有花序的按结果枝管理,较粗壮者留1~2个花序,中庸枝留1个花序,较弱枝不留花序,无花序枝在有空间时可保留,空间较小的应及时疏掉(或作绿枝接穗用)。夏剪时,结果枝、营养枝和延长枝的管理与第二年相同。冬剪时,只是在原结果母枝上留2~3个新结果母枝形成结果枝组,如有的结果枝距主蔓较远时,可缩剪,使结果枝组紧凑。结果枝和营养枝一般留

3～5个芽,预备枝要少些,留2～3个芽即可。其他枝冬剪均与2年生树相同。第三年,单、双龙蔓骨架基本形成,主蔓第二至第三年生部分已形成结果母枝和结果枝组,即"龙爪"。在第四、第五年主蔓延长枝爬满架后,按结果枝管理。以后,每年冬剪时主要更新结果枝组,调节树势,使架面枝条分布均匀,通风透光,生产优质果实。

2. 棚架自由扇型树形的培养 棚架上自由扇型树形在我国南北方葡萄产区应用较多,尤其是华北、西北和东北地区的主要树形。该树形较大,多用于生长势较旺的龙眼、牛奶、红地球、香红和优无核、克瑞森无核等品种。一般在架头前栽植2～3株苗木,每株培养1～2个主蔓,每个主蔓按蔓距50厘米分布,如空间大,主蔓上可再培养1～2个侧蔓。在主、侧蔓两侧,每隔25厘米左右直接着生结果枝组或结果母枝。架长多为6～8米,架梢柱高2.5～3米。可在庭院及道路上空重复利用土地,这种"占天不占地"的方法深受广大果农欢迎。其主、侧蔓的培养方法和结果枝组上的结果枝、营养枝的管理方法与龙蔓型树形基本相同。

3. "X"型树形和"H"型树形 这两种树形适用南方冬季不下架的防寒地区,在水平大棚架上采用本树形比较规范,枝条分布均匀,通风透光条件较好。要求冬、夏季修剪严格有序,保证树形完美,长势均衡,浆果品质和产量都达到商品标准。"X"型树形培养过程是:第一年栽苗后选1个长势强的新梢培养成主干,留1.5～1.8米摘心。冬剪时,在1～1.5米处留饱满芽剪截。第二年在主干顶部培养4个主蔓,各占1个方位,长度以株距大小而定,一般2～3米。第三年,在各主蔓基部两侧向上间隔30～50厘米培养1个侧枝,并在基部两侧培养2～3个结果母枝,各结果母枝上着生2～3个结果枝和1~2个营养枝。夏季管理同其他树形。至此,已经形成本树形骨架,以后每年冬剪视空间大小和母枝强弱进行长、中、短枝修剪和结果枝组更新,使枝条均匀分布(图6-6)。

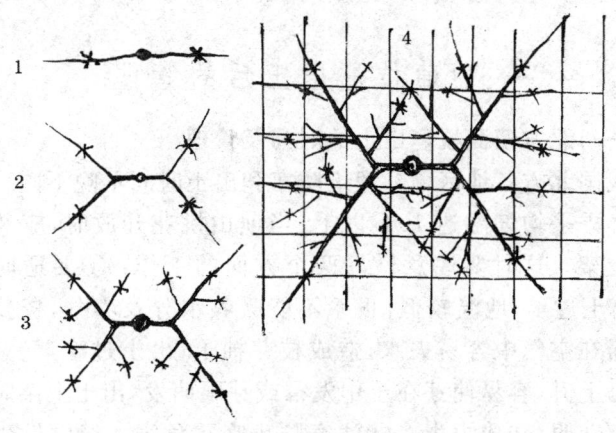

图6-6 水平棚架"X"型树形培养图
1. 第一年冬剪 2. 第二年冬剪形成侧蔓
3. 第三年冬剪在主、侧蔓上形成结果枝和结果枝组
4. 第四年完成树形培养

各种树形的多年生枝的更新修剪,随着树龄的增加要年年进行修剪,"残疤"不断增加,影响输导组织的畅通,枝蔓转衰,中下部出现光秃,结果能力逐年降低,产量和质量下降,必须及时更新。更新方法有枝蔓局部更新和主蔓更新,其方法从略。

第七章 葡萄枝蔓及花果管理

一、葡萄枝蔓出土后的管理

(一)北方葡萄枝蔓出土的时间及管理

我国北方各地区葡萄埋土防寒和出土时间早晚不同。一般在春季平均气温达10℃以上、当地山桃花开放时,应及时出土上架。这时要注意做好两个方面的工作:①要适时出土。出土过早,地温较低,根系不能吸收水分及养分,枝蔓长期暴露在空气中容易失水,造成枝芽抽干;出土过晚,气温及地温已上升,容易使芽在土中发霉或芽眼萌发,出土上架时容易碰掉芽眼,造成损失。②注意防止晚霜危害。经常发生晚霜的地区,要适当晚出土,以免造成霜害。

(二)剥除老翘皮及喷布防治病虫害的药剂

葡萄在生长过程中,由于枝蔓加粗,新老更新,老蔓上每年都有一层死皮翘起。老翘皮不仅影响植株的新陈代谢,还是病虫隐藏的场所,并且影响喷施石硫合剂防治病虫害的效果。因此,在葡萄上架前应及时剥除,集中深埋或烧毁,以减少病虫来源。

在葡萄芽眼尚未萌动时,喷3~5波美度的石硫合剂;或在芽眼刚萌动时,喷1~2波美度石硫合剂。要求喷洒细致全面,植株、架材、地面以及附近的建筑等都要喷到。

二、葡萄枝蔓上架引绑

北方埋土防寒地区,当芽眼开始萌动时及时进行枝蔓引绑上架。如枝蔓引绑过早,由于顶端优势,下部芽眼萌发不齐,引绑过晚,容易碰掉嫩芽。

(一)葡萄枝蔓上架引绑方法

葡萄枝蔓的引绑材料用草绳、布条、麻绳、塑料绳等,将引绑材料在铁丝上缠绕两圈交叉拧紧将枝蔓固定打结引绑即可。这种方法既能使枝蔓固定,又给枝蔓加粗生长留有空间,并且下架剪断引绑材料后,枝蔓容易脱落,可减少病虫隐蔽场所。

(二)葡萄主要架式及树形枝蔓上架引绑

葡萄枝蔓引绑应根据架式及树形的要求,将枝蔓引绑在适当的位置。

1. 单立(篱)架自由扇形枝蔓上架 篱架上的自由扇型树形,主蔓、侧蔓在篱架面上要分布均匀,从植株基部向株间两侧呈扇形的倾斜引绑,要求主侧蔓在架面上的间距为40~50厘米。顶端的结果母枝长势强者呈水平或弯曲式引绑,长势中庸者倾斜引绑。

2. 单立(篱)架上双臂双层水平型树形引绑 在不下架防寒地区篱架上的双臂双层水平型树形,第一层主蔓呈水平式引绑在第一道铁丝上,结果枝倾斜引绑在第二道铁丝上,第二层主蔓水平引绑在第三道铁丝上,结果枝倾斜引绑在第四道铁丝上。结果母枝的引绑与前者相同。

3. 丰字形架、"V"字型树形的引绑 "V"字型树形的引绑,首先将两个主蔓分别引绑在立柱3根横梁两端的铁丝上,形成"V"字型的树形骨架。结果母枝或结果枝组在铁丝上下垂结果与生长。

4. 棚架单、双龙蔓型 在冬季埋土防寒地区,棚架龙干形或多主蔓扇型2~3龄的主蔓由地表向立架面引绑时,首先按主蔓上架方向与地面呈35°角左右,用木钩或铁钩固定,然后再以45°～50°角将主蔓或侧蔓均匀地绑在立架面上,使主蔓基部形成"鹅脖"弯状,以免防寒上下架时断裂;立架面与棚架面交界处,为防止新梢长势过旺,枝蔓引绑角度不可小于130°。在冬季不埋土防寒地区,主蔓与立架面呈70°角直接倾斜上架为宜。棚架单龙蔓型主蔓在架面上的分布距离与定植株距相同;双龙蔓树形主蔓引绑是按株距的一半的距离引绑在架面上,使其向前呈直线延伸生长。结果母枝及结果枝组延长枝,要求均匀、平整摆开进行引绑。

(三)葡萄新梢引绑方法

新梢引绑的目的主要是使新梢均匀分布在架面上,构成合理的叶幕层,以利于通风透光,减少病虫害发生。新梢引绑主要有倾斜式、水平式、垂直式、弯曲式及吊枝等引绑方法,应根据架式、新梢位置和长势以及气候条件等灵活应用(图7-

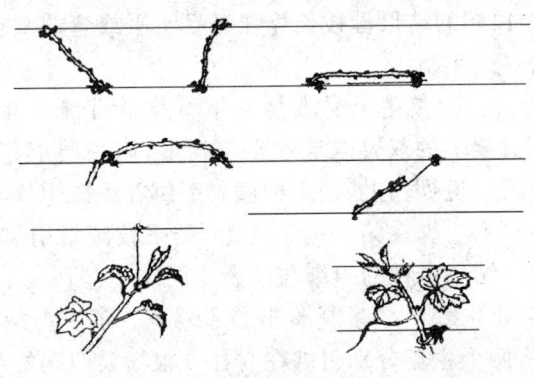

图7-1 休眠枝及新梢各种姿态引绑方法

1)。倾斜式引绑多用于引绑篱架及棚架的立架面上的中庸新梢,能使新梢长势继续保持中庸,发育充实,提高坐果率及花芽分化；水平式引绑多用于篱架超强直立枝和棚架上的超强的延长枝，以控制长势；垂直式引绑一般用于细弱的新梢，利用极性促进枝条生长；弯曲式引绑一般用在棚架面上的直立强旺新梢或篱架面上母枝顶端的直立强旺新梢，以花序为最高点弯曲引绑，控制其极性生长，缓和长势，促进枝条充实，较好地形成花芽，提高坐果率；吊枝多应用于风大地区，为了防止风大折断新梢，在新梢尚未达到铁丝位置时就用引绑材料将新梢顶端拴住，吊绑在上部的铁丝上。一般在新梢长到30厘米左右时进行，风大地区应尽早引绑，以防止风折。

三、葡萄抹芽与定枝（疏枝）

(一)抹芽与定枝的目的

抹芽与定枝是为了调节树体营养。因葡萄早春萌发的芽眼较多，必须及时进行抹芽与定枝，使架面新梢分布均匀合理，集中营养与水分供给留下的枝芽，从而促进枝条生长及花器官的继续分化与发育，达到提高坐果率、果穗整齐和优质高效的目的。

(二)抹芽的时期与方法

在葡萄萌芽后，当芽长到1厘米左右时进行第一次抹芽。先将主蔓基部40~50厘米以下无用的芽一次抹去；再将结果母枝上发育不良的基节芽和双芽、三芽中的瘦、弱芽抹去，保留粗大而扁的花芽。第二次抹芽在芽长出2~3厘米，能够看清有无花序时进行，将结果母枝前端无花序及基部位置不当瘦弱的芽抹掉，保留结果母枝前端有花序的芽作为结果枝及基部位置好的芽做预备枝，或称营养枝（图7-2）。

(三)定枝的时期与方法

定枝是对架面留枝密度的调整，决定植株新梢的分布、果

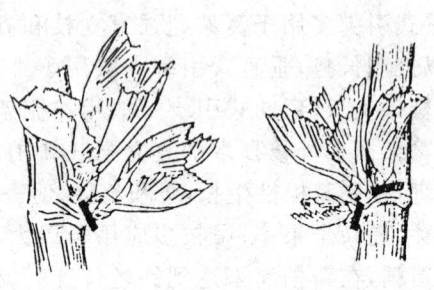

图7-2 双芽、三芽处理法

枝比和产量。如在单篱架的单、双层水平型树形的留枝量一般每平方米架面上留新梢12～15个;棚架龙干型或自由扇型树形每平方米架面上留新梢10～14个。在新梢长到10～15厘米,能够看清花序大小时进行定枝。选留有花序的中庸健壮的新梢,抹去过密的发育枝,使新梢分布合理,长势均衡。定枝时,结果枝留在结果母枝的前部,营养枝留在结果母枝的基部,用来培养成翌年的结果母枝。生产上按果枝比进行定枝。一般果穗大的品种结果枝与营养枝之比为2∶1,果穗小或坐果率偏低的品种为3～4∶1为宜。对于常发生风害地区及准备采绿枝接穗的品种,要适当多留一些新梢,自然灾害或采完接穗后,结合绑梢再进行一次定枝,以便更好地调节营养,提高坐果率(图7-3)。

四、葡萄新梢的摘心

(一)葡萄新梢摘心的作用

葡萄新梢在开花前后生长迅速,消耗树体大量营养,影响花蕾中的雄雌蕊的分化、发育和授粉受精。通过对结果新梢摘心,暂时控制顶端营养生长而促进花序的生长发育,提高坐果率。主、侧蔓延长梢和营养新梢的摘心,主要是控制新梢延长生长,增加枝条粗度,促进花芽分化和枝条木质化,保证枝条充分成熟。

(二)结果新梢的摘心时期与方法

葡萄结果新梢的摘心时期及程度应根据品种确定。笔者通过试验认为,新梢生长较旺,落花落果严重的品种如玫瑰香、巨峰等,应在葡萄开花前

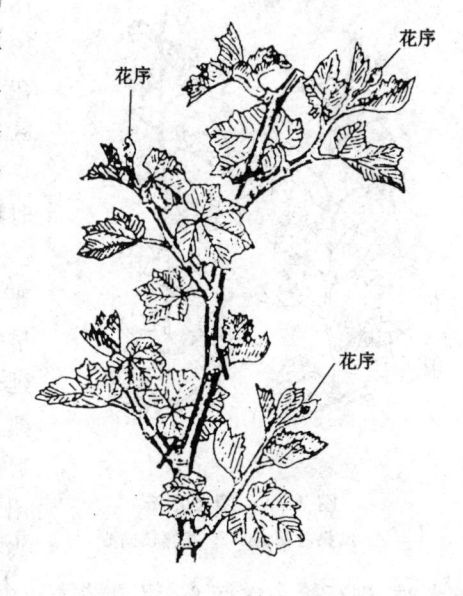

图7-3 定枝示意图

3～5天在花序上留5～6片叶摘心;新梢长势中庸,坐果率较高的品种如京秀、凤凰51、红香妃、87-1等,应在初花期在花序上留4～5片叶摘心;对于生长势较弱的品种也可以不摘心;而对于一些生势较强、花序较大、坐果率较高及果实容易日烧的红地球、美人指等品种,应在开花期或花后,在花序上留7～9片叶摘心。摘心部位应在幼叶相当正常叶片1/3处较为适宜(图7-4)。

(三)营养新梢的摘心时期与方法

葡萄的营养枝是指无花序的新梢,采用摘心可控制生长,调节营养,促进花芽分化和枝条木质化。营养新梢的摘心,在北方生长期少于150天的地区,留8～10片叶摘心;生长期在

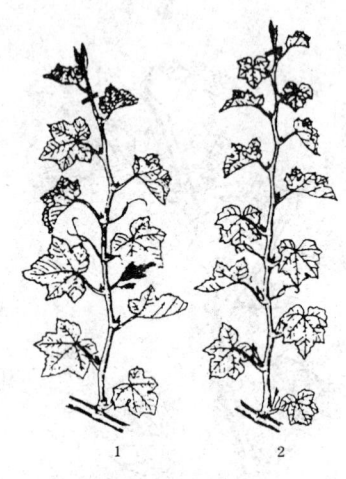

图 7-4 摘心方法
1. 结果枝摘心 2. 发育枝摘心

151～180 天的地区,留 10～12 片叶摘心;生长期在 181 天以上的南方地区,留 12～14 片叶摘心。

(四)延长新梢的摘心时期与方法

主、侧蔓延长梢的主要作用是扩大树冠,以尽早完成树形。摘心是促进延长梢加粗生长和充分成熟。生长季节较长且生长势强的品种的延长梢应采用二段成蔓摘心方法,即当延长梢长到 80～100 厘米时,进行第一次摘心,留顶端第一个副梢;长到 70～80 厘米时,再进行摘心。生长期较短的北方地区在立秋前后摘心,延长梢所留长度略长于预计冬季剪留长度,冬剪时在第一次摘心附近留饱满芽剪截即可。

五、葡萄副梢的利用与管理

副梢是葡萄植株的重要组成部分。副梢管理的目的就是要保证叶幕层合理,有足够的叶面积,增加光合作用强的新叶片面积,充分利用光能,提高光合作用,使之既能增加树体营养,又能够通风透光,从而提高浆果的品质和产量。另外,幼树还可利用副梢加速整形和提早结果。但副梢如果管理不好,会浪费树体营养,造成架面叶幕郁闭,影响通风透光,易发生病虫害而影响浆果的品质和产量。

(一)结果枝上副梢处理的时期与方法

结果枝花序以下的副梢及早从基部抹掉;结果枝摘心后顶端的1~2个副梢,留5~6片叶摘心,其他副梢留1片叶反复摘心,并抠除副梢上的腋芽,以防止其再生。红地球、美人指等易发生日烧的品种,在花序上部1~2个副梢留2~3片叶摘心(图7-5)。

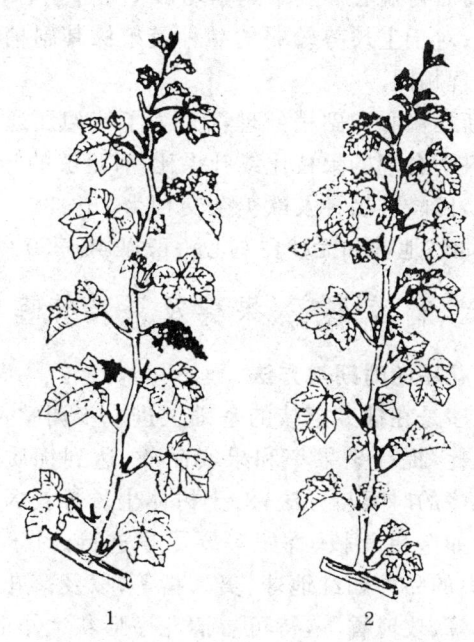

图7-5 副梢的处理
1. 结果枝副梢处理 2. 发育枝副梢处理

(二)营养枝副梢处理的时期

营养枝摘心后,顶端1~2个副梢留3~5片叶反复摘心外,其余副梢均留1片叶摘心,并抠除副梢上的腋芽。

(三)延长枝副梢处理的时期与方法

延长枝上的副梢,长势强旺的品种如森田尼无核、黑奇无核和红地球等,由于新梢容易徒长,冬芽花芽分化不良,可对延长枝提前摘心,促发副梢,利用副梢培养成翌年的结果母枝;对于生长势中庸的品种,摘心后顶端的第一副梢继续延长生长,立秋前后再摘心。其余副梢均留 1 片叶摘心,并抠除副梢上的腋芽;对于生长势较弱的品种及植株其副梢处理与营养枝副梢处理相同。

总之,新梢摘心和副梢处理都是为了使架面通风透光良好,以达到科学合理的果枝比或叶果比,有足够的叶面积。适合的叶果比,巨峰群品种及欧美杂交种为 25～30:1,欧亚种为 40:1。如红地球和无核白鸡心一般以 40～50:1 为宜。

六、葡萄花序、果穗及果粒管理

(一)疏花序的时期与方法

疏剪花序是在抹芽定枝的基础上进一步调整负载量,以减少营养消耗,提高坐果率和果实品质,达到优质高效的目的。疏剪花序的时间与方法,对于树体生长势较弱而坐果率较高的品种如金星无核、香妃等要尽早进行;对于生长势较强、花序较大的品种如红地球、美人指等,以及落花落果严重的品种如巨峰、玫瑰香等,待可看清花序形状大小时进行,将位置不当、分布较密以及发育较差的弱小花序疏掉。疏花序按粗壮果枝留 1～2 个花序,中庸枝留 1 个花序,细弱枝不留的原则进行。对于花序较大、坐果率较高的品种,其结果枝与营养枝之比为 2:1 左右;而花序较小、坐果率较低的品种,其结果枝与营养枝之比为 3～4:1。负载量应根据树龄、树体长势情况确定,如棚架行株距为 5 米×0.6 米,初结果树,长势较好的单株产量控制在2千克左右,长势较弱的不留果;第三年长势好的株产控制在5~7千克;盛果期长势较好的树控制在10千克左右,长势较弱的在5~7千克。每667平方米产量控制在1500~1800千克为宜。土壤肥沃,肥水充足,树体健壮,管理水平较高的,每667平方米产量控制在2000千克左右,以保证浆果的品质;土壤瘠薄,肥水较少,树势偏弱,负载量应控制在1200千克左右,以便恢复树势,保证品质。酿酒品种,一般每667平方米产量不得超过1500千克。

(二)花序整形及掐穗尖

花序整形一般同疏剪花序同时进行。通过花序整形提高坐果率,使果穗紧凑、穗形美观,以提高浆果的外观和品质。对果穗较大,副穗明显的品种,如红地球、巨峰等应及早剪掉副穗,并掐去全穗长的1/4或1/5的穗尖,使全穗长保持在15厘米左右。对特大的果穗要疏掉上部的2~3个支穗,使果穗紧凑。

(三)花前喷硼

硼能促进花粉粒的萌发、授粉受精和子房的发育,缺硼会使花芽分化、花粉的发育和萌发受到抑制。一般在开花前10天左右喷施1~2次0.1%~0.2%硼砂溶液,可有效提高坐果率,减少落花落果。

(四)修果穗和疏果粒的时间与方法

修果穗是剪去过长的副穗和穗尖,使果穗紧凑,穗形整齐美观。修果穗可结合第一次疏果粒进行。疏果粒就是疏掉果穗中的畸形果、小果、病虫果以及密挤的果粒。第一次疏果粒在自然落果后进行,第二次疏果在果粒黄豆粒大小时进行。疏果粒的标准,自然果粒平均重在6克以下的品种,每穗留51~60粒为宜;平均粒重在6~7克的品种,每穗留45~50

粒;平均粒重在 8～10 克的品种,每穗留 41～45 粒;平均粒重大于 11 克以上的品种,每穗留 35～40 粒。

(五)赤霉素等生长调节剂的应用技术

葡萄无公害生产只允许应用赤霉素。赤霉素在葡萄生产上主要是增大果粒及诱导无核果实。利用赤霉素增大无核品种果粒及诱导有核品种无核化栽培,不同品种、不同时期、不同方法其所用浓度有所不同,应试验后再应用。也可参考表 7-1 中所列的处理浓度及方法。

赤霉素不易溶于水,使用时先用少量酒精或高浓度的白酒将药剂溶解,然后再加水至所需浓度使用。用它处理后,果实的成熟期一般能提早 5～7 天,若处理不当,会延迟成熟且降低品质。

表 7-1 赤霉素在不同葡萄品种上的处理浓度及方法

品　种	处理方法	处理时期及浓度	处理目的
无核白鸡心	用微型喷雾器喷果穗或用容器蘸果穗	花前 3～4 天,10～20 毫克/升;盛花后 10 天左右,25～50 毫克/升	增大果粒
无核早红(8611)	用微型喷雾器喷果穗或用容器蘸果穗	花前 3～4 天,10～15 毫克/升;盛花后 10～15 天,25 毫克/升左右	增大果粒,提高无核率
巨　峰	用微型喷雾器喷果穗或用容器蘸果穗	盛花后 4～5 天,20 毫克/升;盛花后 15 天左右,25 毫克/升	防止落果,增大果粒

(六)防止落花落果的措施

1. 葡萄落花落果的原因

(1)生理缺陷　与品种本身特性有关,胚珠发育异常,雌蕊发育不健全,部分花粉不育,从而导致落花落果。如巨峰品种。

(2)气候异常　葡萄开花期要求白天温度在20℃～28℃,最低气温在14℃以上,相对空气湿度65%左右,有较好的光照条件。开花期气候异常,如低温、降雨、干旱等气候条件,将直接影响授粉受精,导致落花落果。

(3)树体营养贮备不足　葡萄开花时需要较多的营养物质,主要是由茎部和根部贮藏的养分供给。如上年度负载量过多或病虫害严重,造成枝条成熟不好或提早落叶,树体营养贮备不足,花序原始体分化不良,发育不健全,必然导致开花期落花,花后落果。

(4)树体营养调节分配不当　葡萄开花前到开花期是其营养生长与生殖生长共同进行,互相争夺养分。如抹芽、定枝、摘心、副梢处理不及时,浪费大量树体营养。树体养分主要供给了营养生长,而生殖生长营养不足,则花器官分化不良,造成授粉受精不良,将导致落花落果。

(5)综合管理技术不协调　抹芽、定枝、摘心没有及时进行,通风透光不良;花期灌水或喷施农药,如氮肥施用量偏多,新梢徒长,病虫害防治不及时,霜霉病、穗轴褐枯病等病虫害发生严重,将造成落花落果。

2. 防止落花落果的方法

(1)控制产量贮备营养　根据土壤肥力、管理水平、气候、品种等严格控制负载量,鲜食品种每667平方米产量控制在1 500千克左右,不超过2 000千克;酿酒和制汁品种控制在

1 300千克左右。保证果实、枝条正常充分成熟,花芽分化良好,使树体营养积累充足,完全能够满足翌年生长、开花、授粉受精等对养分的需求。

(2)增施有机肥,提高土壤肥力　增施有机肥,及时追肥。根据土壤肥力每 667 平方米秋施优质基肥 5 000～8 000 千克,并根据树体各物候期对营养元素的需求,适时适量追施速效性化肥,提高土壤肥力,保证营养元素的均衡供应。增施有机肥不但能够提高土壤肥力,并且能够改善土壤结构,为葡萄根系生长创造良好的环境条件,增加根系的吸收能力。

(3)及时抹芽、定枝、摘心和处理副梢　及时抹芽、定枝,减少养分的消耗,促进花序的进一步发育。通过摘心使养分更多地流向花序。根据预期产量,及时疏除多余的花序和整形,节省养分,可保证开花、授粉受精对养分的需求。

(4)花前喷硼肥　在开花前 7～10 天喷施 1～2 次 0.3% 硼砂溶液,促进花粉萌发及花粉管伸长,对提高坐果率及增加产量提高果实品质有明显的效果。

(5)初花期环剥　为了提高坐果率,应在开花期用双刃环剥刀或芽接刀在结果枝着生果穗的前部约 3 厘米处或前个节间进行环剥。剥口深达木质部,宽 2～3 毫米。环剥后,将剥皮拿掉,用洁净的塑料薄膜将剥口包扎严紧,以利于剥口愈合。

七、葡萄叶幕层的结构及枝叶调整

(一)叶幕结构

葡萄叶幕层结构是由枝蔓、新梢、副梢及叶片组成的。如叶幕层疏松结构合理,通风透光良好,接受阳光较多,光合能力强,光合产物多,有利于葡萄浆果产量、品质的提高和新梢的花芽分化;反之,则影响葡萄产量和质量。

(二)枝叶调整方法

在生长期要经常观察架下日光影分布情况。如在果实膨大期架下有直径 10 厘米左右的花影,并分布均匀,说明叶幕结构较合理;如花影过多、过大,则表明叶面积小,叶片数量不足,应适当增加叶片数量,在处理副梢时应多保留些叶片;如架下花影过少、过小,说明叶幕层太厚,应通过摘除老叶片、回缩或疏除副梢等办法,使叶幕层疏松结构合理,透风透光良好,以提高葡萄浆果的品质和产量。

八、葡萄越冬及防寒

(一)葡萄的耐寒越冬力

葡萄的耐寒力强弱是与葡萄种类、品种和越冬前锻炼程度有关。实践证明,同一品种防寒前适当控制灌水,增施磷、钾肥和经过初冬的耐寒锻炼,使葡萄进入较深度的休眠状态,其耐寒力较一般管理明显提高。在同样的防寒措施条件下,第二年春季枝条萌芽要早 2~3 天。据有关资料表明,葡萄枝条切片在显微镜下观察,凡是经过抗寒锻炼的胞间连丝断裂的细胞数目较多,下一年其枝条芽眼萌发早、萌芽率高,则表现出抗寒力增强。

1. 葡萄树各部分器官的耐寒能力

(1)葡萄根部的耐寒力 葡萄自根树根部的耐寒力最弱,因为根部冬季是不完全休眠,而有轻微的活动,所以根系最容易受冻。在生产中根部经常发生不同程度的冻害,如乳白色的根部变成黄褐色时,则发生的冻害较轻;如根部变成黑褐色时,其冻害较重,难以恢复生长。

葡萄自根树(插条苗)的耐寒力由于种群、品种不同,其根系的耐寒力也有很大差异。在生产上栽培的欧亚种葡萄自根根系(扦插苗)只能忍耐－5℃的低温,在－5.5℃时就发生轻度冻害,如玫瑰香、红地球等;美洲品种自根树根系能耐－7℃的低温,如酿制品种康可和香槟等品种;欧美杂交品种自根树根系能耐－6℃～－7℃,如巨峰能耐－6.7℃,康拜尔早生根系能耐－7℃;耐寒砧木贝达根系耐寒力为－11℃～－12.6℃;山葡萄与玫瑰香杂交的公酿2号自根根系能耐－10℃,能在吉林公主岭地区露地越冬;北醇自根苗根系能耐－9.3℃;山河2、3、4号根系的耐寒力达－13.9℃;东北山葡萄能在－15.5℃下存活。所以,各地区建立葡萄园时,要适地适树选择栽培品种和砧木。

(2)葡萄枝、芽、果的耐寒力　葡萄树在越冬埋土前适当经过锻炼能提高耐寒能力。如欧亚种群的一些品种经过锻炼的休眠枝、芽能耐－16℃～－18℃,如玫瑰香和龙眼等品种;美洲种群能耐－20℃～－22℃;欧美杂交种的枝、芽能耐－18℃～－20℃,如巨峰、香红和巨玫瑰等品种。但刚萌动的枝、芽只能耐－2℃～－3℃的低温;嫩梢和幼叶在－1℃,花序在0℃时都会发生冻害。

在秋季,更应注意早霜对成熟果实的危害。如采收过晚,气温突然下降到－3℃～－5℃时,葡萄的枝、芽和果实均会发生冻害。因此,要求适时采收。如来不及采收时,应采用熏烟方法防止霜冻,效果较好。

2. 葡萄冻害的原因及表现

(1)霜冻　在秋末冬初,随着气温逐渐下降,先出现轻霜、中霜,再经过重霜(苦霜)和霜冻。使葡萄植株经过耐寒锻炼,耐寒能力随之增强,即使后期出现霜冻,也只能对未木质化部分产生冻害,并不影响下一年葡萄的正常发芽和结果。特殊年份,葡萄未经耐寒锻炼,气温突然下降到0℃以下,且持续4个小时以上时,葡萄的枝、芽将遭受冻害。霜冻多发生在晚秋,即是早霜,使葡萄结束生长。有时也发生在早春,葡萄出土过早,萌芽后也易遭受霜冻,从而影响葡萄萌芽生长和产量。

(2)冻害　葡萄苗或葡萄树的根系发生冻害,进行检查时,无冻害的根系呈乳白色;根部变成黄褐色时,表明已发生轻微冻害,但还能吸收少量水分和营养,维持生命;如发现根部变成黑褐色,用手一捋根皮脱落时,表明已发生严重冻害,或苗木根系抽干后又泡水,已无利用价值。

3. 葡萄防冻技术及冻后的补救措施

(1)选择适宜品种　各地区按无霜期长短,选择适宜的优良品种和抗寒砧木,以便于秋季枝、芽充分成熟。

(2)选择开阔平地或坡地建园　只有这样,才能防止或避免冷空气积聚下沉发生冻害。因此,尽量不要在低洼、盆地或峡谷地带建园。

(3)控制产量　按树龄、树势适当留果,产量过高时,枝条不充实,果实成熟拖后,将影响抗寒能力。

(4)增强植株抗寒力　每年要多施腐熟的有机肥和磷、钾肥,控制氮肥;在秋季控制灌水、保护叶片和适时采收果实,使葡萄树体贮藏足够的营养,以提高植株的抗寒能力。

(5)预防早霜　在经常出现早期霜冻地区,如果采用埋土防寒应提早下架,垫好根部土枕及围脖土;做好防寒覆盖物的准备工作,注意收听当地气象台站的预报,一旦有霜冻情报,应组织好人力,在霜冻来临之前将葡萄枝蔓用保温物(作物秸秆等)盖好。如果人力不足时,在部分园里可采用燃烧秸秆增温或点燃熏烟剂或开动电力旋风机鼓风等方法防止或减轻冻害。

(二)葡萄冬季防寒技术

葡萄树在冬季休眠期的耐寒能力是有一定限度的。利用抗寒砧木和经过抗寒锻炼,可提高其一定的耐寒能力,但超过其耐寒能力极限,也会发生轻重不同的冻害。为了防止冬季葡萄发生冻害,在我国以年绝对低温平均值-15℃线为基准,在-15℃以北地区栽培葡萄,冬季必须下架埋土防寒才能安全越冬;在-12℃～-14℃地区,虽然冬季不用下架防寒,但秋季需要增加磷、钾肥,控制水分,促进枝蔓充实成熟,防止枝蔓抽干,尤其是在冬季空气干燥、风沙较大的地区,冬、春季节会有部分枝蔓发生抽干现象,可在枝蔓上喷布1～2次保水防抽剂,对防止抽干效果较好。

1. 防寒时间 一般在年平均绝对最低气温-15℃线以北地区,冬季都要进行埋土防寒。对1～3年生的幼树要及时下架,晚间在枝蔓上临时覆盖一层薄膜或编织麻丝袋防止芽眼受冻,白天可以增温促进幼树枝芽充实成熟,经过3～5天的锻炼,提高抗寒力后,再埋土防寒。尤其是在低洼、沟谷地带的葡萄园,夜间易积聚冷空气,温度较低,极易发生冻害;晚上,要采取临时覆盖措施使葡萄树经低温锻炼后再进行埋土防寒较好。如辽宁西部地区,一般在11月上中旬开始下架,覆盖防寒物,这样可使葡萄得到充分锻炼,以提高抗寒能力。

2. 防寒方法 葡萄防寒方法很多,我国北部地区多采用地上式埋土防寒方法,此法省工、省物,防寒效果较好。在田鼠较多的园里,要注意投放灭鼠药,以防枝蔓被鼠啃伤。据实践经验,防寒埋土应分两次进行:第一次在扫净枯枝落叶后,于葡萄根干基部垫上土枕,并将葡萄枝蔓顺行向依次下架,一株压一株的理顺、捆好,平放在树盘上固定,覆上10～20厘米厚的保温物(如秸秆或1~2层麻丝袋布等),再用少量土埋压。第二次是在土壤开始结冻时,全面进行埋土。取土位置要求距离葡萄根干1.2~1.5米处,以保护沟侧根系。其埋防寒土的厚度及宽度要根据当地历年冻土最大厚度和地表下-5℃的土层深度来确定其冬季防寒土堆的厚度和宽度。以地表下-5℃的土层深度为防寒埋土的厚度,以当地最深的冻土厚度的1.8~2倍为埋土防寒的宽度,各地葡萄都能安全越冬。如辽宁西部的锦州、兴城,历年冬季冻土厚度为1米左右,地表下-5℃的土层厚度为0.3米。所以,在锦州、兴城地区葡萄防寒土厚度为0.3米,宽度为1.8~2米,葡萄树就能安全越冬。如果利用抗寒砧木嫁接苗建园,防寒土堆的厚度及宽度可相应地减少1/3左右,葡萄也能安全越冬(图7-6)。

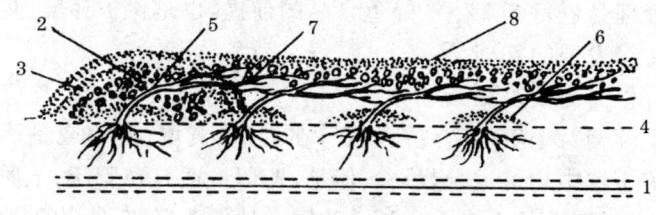

图7-6 葡萄冬季埋土防寒
1. 防寒取土位置　2. 一层防寒物　3. 第一次埋土　4. 地平线
5. 葡萄根干　6. 垫葡萄枕和围脖土　7. 葡萄蔓　8. 第二次防寒土

第八章 葡萄园的土肥水管理

一、葡萄园土壤管理

葡萄园的土壤管理,应遵守农业行业标准 NY/T 391—2000《绿色食品产地环境技术条件》的规定,在定植沟改良的基础上,每年继续施有机肥,扩沟改土,对行间土壤也要加强管理。其土壤管理的方法、土壤管理水平的高低与土壤养分含量和养分供应密切相关,从而影响葡萄树体的生长和结果;土壤中有毒害物质影响果实的食用安全性。所以,良好的土壤管理是进行葡萄生产绿色食品的前提,也是保护环境、实现可持续发展的基础。

(一)土壤改良

葡萄对土壤的适应性较强,在红壤、黄壤、砂壤或是黑钙土等土壤中均可进行栽培。但是,葡萄最适宜在肥沃、土质疏松、土层肥厚的土壤中生长。我国土地资源紧张,人均土地有限。因此,我国果树的发展方针是"上山下滩"。所以,在建园前后都要进行土壤改良,促进土壤保持或形成良好的结构,通透性良好,保水、保肥,减轻地表径流和风蚀,使根系健壮生长,满足葡萄多年生长发育的需要。我国地域辽阔,主要的不良土壤类型有沙荒地、盐碱土、重黏土和酸性土,土壤改良工作应根据不同的土壤特点采取不同的措施。详见本书第五章。

(二)葡萄园土壤管理制度

1. 果园清耕法 果园清耕是目前最为常用的葡萄园土

壤管理制度。在少雨地区,春季清耕有利于地温回升,秋季清耕有利于晚熟葡萄利用地面散射光和辐射热,提高果实糖度和品质。清耕葡萄园内不种作物,一般在生长季进行多次中耕,秋季深耕,保持表土疏松无杂草,同时可加大耕层厚度。清耕法可有效地促进微生物繁殖和有机物氧化分解,显著地改善和增加土壤中有机态氮素。但如果长期采用清耕法,在有机肥施入量不足的情况下,土壤中的有机质会迅速减少;清耕法还会使土壤结构遭到破坏,在雨量较多的地区或降水较为集中的季节,容易造成土壤水土流失。

2. 果园覆盖法 果园覆盖是一种先进的土壤管理方法,适于在干旱和土壤较为瘠薄的地区应用,有利于保持土壤水分和增加土壤有机质。葡萄园常用的为秸秆覆盖,在大棚架、小棚架园及立架幼树期的树盘上用秸秆、稻草等覆盖,以减少土壤水分蒸发和增加有机质。覆草需避开早春地温回升期,以利于提高地温。我国"三北"地区一般在5月上旬开始覆草较好。

初次覆草果园,覆草前每667平方米应先施足含腐熟有机质的土杂肥5 000千克后进行深翻改土,每株还应施入适量氮素化肥。覆盖应在灌水后或雨后进行。不论是树盘覆草还是全园覆草,距葡萄树根部50厘米左右最好不覆。为防风吹和火灾,可在草上压些土。

覆草多少根据土质和草量情况而定,一般每667平方米覆干草1 500～2 000千克,厚度15～20厘米,上面压少量土,连覆3～4年后浅翻1次,浅翻结合秋施基肥进行。

3. 果园间作法 果园间作一般在距葡萄定植沟埂30厘米外进行,以免影响葡萄的正常发育生长。间作物以矮秆、生长期短的作物为主,如花生、豆类、中草药、葱蒜类等。

4. 免耕法 免耕法主要利用除草剂除草,对土壤一般不进行耕作。这种土壤管理方法具有保持土壤自然结构、节省劳力、降低生产成本等优点。在劳动力价格较高的城郊葡萄园应用较多。

常用的除草剂有拉索、草甘膦等。拉索是苗前除草剂,一般在春季杂草萌芽前喷施。草甘膦是广谱型除草剂,可通过杂草茎叶吸收向全株各部位输导而使杂草致死。

5. 生草法 在年降水量较多或有灌水条件的地区,可以采用果园生草法。草种用多年生牧草和禾本科植物,如毛叶苕子、三叶草、鸭茅草、黑麦草、百脉根、苜蓿等。一般在整个生长季内均可播种。

二、葡萄所需营养与施肥

葡萄的营养补充与施肥按农业部行业标准 NY/T 496—2002 施肥原则执行。其具体做法介绍如下。

(一)主要营养元素

1. 氮 氮是葡萄的蛋白质、核酸、叶绿素、酶、维生素和激素等的组成成分。蛋白质是构成原生质的基础物质,平均含氮量为 16% 左右,是生命存在的物质基础。没有氮素,就没有蛋白质,也就没有生命。所以,氮被称为生命元素。叶绿素是植物进行光合作用的物质,缺氮时,叶绿素合成数量下降,叶片变黄,光合作用下降,光合产物减少,导致产量下降。

葡萄需氮量较高,以叶片中最多、占树体总氮量的 38.9%,其次为果实中的含量,老枝中含量最少。葡萄在一年中均可吸收氮素,但以生长前期为多。如将全年的吸收量定为 100%,则萌芽期的吸收量为 12.9%,开花期以前的吸收量为 51.6%。因此,在葡萄上,氮肥应以前期施入为主。

葡萄缺氮时,茎蔓生长势弱,停止生长早,皮层变为红褐色;叶片变得小而薄,呈淡绿色,易早衰脱落;果实小,但着色好。

2. 磷 磷是核酸、核蛋白、磷脂等的组成成分。磷可促进碳水化合物的合成和运转,也是氮化合物代谢过程中酶的重要组成之一。磷可提高植物的抗逆性及对不良环境的适应性。及时供给充足的磷素营养,可促使植物的各种代谢顺利进行,提高产量和果实品质。

葡萄在新梢生长旺盛期和果粒增大期对磷的吸收达到高峰。相对于氮和钾,磷的需求量较少,仅为氮的一半,钾的42%。果实中磷的含量最多,占葡萄植株中总磷量的50%左右,其次为叶片、新根和新梢,老枝中含磷量最少。

葡萄植株缺磷时,叶片呈暗绿色,叶面积小,从老叶开始叶缘先变为淡黄,然后变为淡褐,继而黄色部分向内扩展。缺磷时,秋季失绿叶坏死,以后整个叶片干枯。

3. 钾 钾常集中在植物的幼嫩组织。钾可以激活酶的活性,提高植物的保水和吸水能力,促进光合作用和光合产物的运转。钾还能提高植物的抗逆性,如抗旱、抗病、抗寒能力。钾素充足时,可促进浆果成熟,糖分增加,提高品质。另外,钾还可促进果实中芳香族化合物和色素的形成,降低含酸量。

葡萄缺钾时,叶缘失绿,新梢中部叶片的叶缘呈黄褐色,以后逐渐扩大到主脉间失绿,接着叶片边缘焦枯,并向上或向下弯曲,严重时,老叶发生许多坏死斑点,脱落后形成许多小洞。另外,缺钾的植株果实小且成熟度不一致。

4. 钙 钙在树体内以果胶酸钙的形态存在,是细胞壁胞间层的重要组成元素;钙可中和植物代谢过程中产生有毒的有机酸,如钙与草酸的结合;另外,钙还是植物体内一些酶的组成成分与活化剂,如钙是 ATP 酶的组分。钙可有助于细胞膜的稳定性,促进钾离子的吸收,延缓细胞衰老。钙与氢离子、铝离子、钠离子有拮抗作用。钙在树体内难以移动,是不能被再次利用的元素。缺钙时,首先在新根、新叶、顶芽、果实等生长旺盛的新器官和蒸腾低的组织中表现出来。

葡萄需钙量较大,其果实中的含钙量达 0.57%。钙能促进葡萄根系生长。试验表明,充足的钙能增加欧亚种葡萄果实的糖分和香气。

葡萄缺钙后,主要表现在幼叶叶脉间及叶缘褪绿,随后近叶缘处出现针眼状坏死斑点,茎的尖端顶枯。

5. 硼 硼在树体内的含量适宜能改善有机物供应状况,促进碳水化合物的运转。另外,硼对受精过程有特殊的作用,在花中硼的分布一般以柱头和子房为最多,硼能刺激花粉的萌发和花粉管的伸长,保证授粉受精过程的顺利进行,从而提高坐果率。

幼树缺硼,顶端的节间较短,形成褐色的水浸状斑点;幼叶失绿而且较小,畸形,向下弯曲,无籽小果增多。

硼砂、硼酸是常用的硼肥。一般硼砂含硼量为 54%,溶于 40℃ 热水中。硼酸含硼量为 36%,易溶于水。

6. 镁 镁是叶绿素的中心金属离子,叶绿素中含有 2.7% 的镁;镁还是多种酶的活化剂及一些酶的组成成分,如在呼吸作用中的磷酸葡萄糖变位酶、磷酸己糖激酶、磷酸果糖激酶、磷酸甘油激酶等都以镁作为活化剂;镁是聚核糖体的成分,它能稳定核糖体的结构,促进蛋白质的合成。在果树上,镁能促进作物内维生素 C、维生素 A 的形成,提高果实品质。镁与钾、钙之间有拮抗作用。

葡萄叶片一般含镁 0.23% ~ 1.08%,浆果中含镁

0.01%～025%。葡萄缺镁时,先是老叶叶脉间褪绿,接着脉间发展成带状黄化斑块,从叶片的内部向叶缘扩展,逐渐黄化,最后叶肉组织黄褐坏死,仅叶脉保持绿色。

7. 铁 铁是树体内多种氧化酶、铁氧化还原蛋白和固氮酶的组成成分。它可影响树体的呼吸作用、光合作用和硝酸还原。铁不是叶绿素的组成成分,但铁在叶绿素的形成中是不可缺少的,缺铁可发生失绿症。铁在树体内不易移动。

常用的铁肥有硫酸亚铁、硫酸亚铁铵以及螯合态铁。硫酸亚铁含铁量为19%,易溶于水,是最常用的铁肥。

8. 锌 锌在树体内可参与生长素的合成,促进吲哚乙酸和丝氨酸合成色氨酸,进而生成生长素。锌是多种酶的组成成分,如碳酸酐酶、RNA聚合酶等都含有锌;锌还是许多酶的活化剂,如锌与色氨酸酶的活性密切相关。锌还可促进蛋白质代谢,增强植物的抗逆性。

葡萄缺锌时,首先主副梢的先端受害,叶片变小,即小叶病。叶柄洼变宽,叶片斑状失绿,节间短。某些品种则易发生果穗稀疏,大小粒不整齐和种子少的现象。

硫酸锌、氧化锌和碱式硫酸锌是最常用的锌肥。其中硫酸锌含量有23%和35%两种。氧化锌含锌量为78%,碱式硫酸锌含锌量为55%。

(二)葡萄缺素症的调整

1. 缺硼 葡萄植株缺硼可通过以下几种方法进行矫治:一是增施有机肥料,改善土壤理化性状,增加土壤肥力;二是施入硼砂,可结合基肥施入,一般每667平方米施1.5～2千克;三是在花前1～2周叶面喷施0.1%～0.2%硼砂,也可在生长季每株根施硼砂30克左右。

2. 缺镁 镁离子与钾离子有拮抗作用,发生缺镁严重的果园应适当减少钾肥的施入量。增施有机肥也可有效地缓解缺镁症状。另外,生长季叶面追施0.3%~0.4%硫酸镁3~4次,也可减轻病情。

3. 缺锌 可采用叶面喷肥的方法进行防治。在花前2~3周喷施硫酸锌,其配制方法为:每100千克水中加入117克硫酸锌,完全溶解后喷施。

4. 缺锰 增施有机肥是解决缺锰的重要措施。另外,在开花前喷施0.3%~0.5%硫酸锰2次,间隔1周左右。

5. 缺氮 在施有机肥时混合加入含氮肥料。在生长季追施速效氮肥2~3次。结合生长季喷药,叶面喷施0.3%~0.5%尿素溶液2~3次。

(三)肥料种类及其作用

1. 有机肥料 有机肥料富含有机物质,能提供树体生长发育所需养分,又是较长期增加土壤地力的肥料。我国的农业施肥主要以有机肥为主,农民长期利用人粪尿、畜粪尿、作物秸秆和一切无毒的废弃物等还田,以提高地力。但随着现代化肥工业的发展,化学合成肥料的应用越来越广泛,有机肥的应用越来越少,造成果园土壤肥力迅速下降,土壤盐分浓度上升,根系发育不良和土壤板结等问题,制约了农业生产的发展。与农业发达国家相比,我国的土壤有机质含量太少。如美国农田土壤的有机质可高达5%~8%,日本农田土壤的有机质为3%~5%,而我国农田土壤有机质含量较低,如辽宁、山东等地果园土壤有机质含量平均仅为0.3%~0.6%。

有机肥料种类繁多,常用的有堆肥、沤肥、厩肥、沼气肥、绿肥、作物秸秆肥、泥炭肥、饼肥、腐殖酸类肥和人、畜废弃物腐熟后加工成的各种肥料等。

①堆肥 堆肥是指利用农作物秸秆、杂草、落叶、人粪尿

或家畜粪尿等混合堆积腐熟成的肥料。堆肥的原料一般就地取材。制作堆肥时，必须经过60℃以上高温，以杀灭各种寄生虫卵和病原菌、杂草种子等。堆肥养分含量种类较多（表8-1），肥效期长，一般用做基肥。

表8-1 几种堆肥的主要养分含量

项目	全氮(N)(%)	全磷(P)(%)	全钾(K)(%)	粗有机物(%)	钙(%)	镁(%)	硫(%)	硅(%)
玉米秸堆肥	0.48	0.10	0.28	25.32	0.65	0.18	0.12	7.27
麦秸堆肥	0.18	0.04	0.16	10.85	0.37	0.06	0.02	4.30
水稻秸堆肥	0.46	0.08	0.43	16.38	0.50	0.10	0.06	8.62
野生植物堆肥	0.63	0.14	0.45	16.55	2.51	0.26	0.14	13.01

②沤肥 是指用作物秸秆、杂草、绿肥等植物体为原料，混合人、畜粪尿和泥土等，在常温、淹水的条件下沤制成的肥料。沤肥的养分不易挥发，肥效长而稳定。沤肥一般用做基肥，在多雨地区应用较多。

③秸秆肥 农作物秸秆是农业生产的副产品。秸秆中含有较多的营养元素，是增加土壤有机质，提高土壤肥力的主要肥源之一。生产上一般用做堆肥或沤肥，也可直接秸秆还田。秸秆直接还田时应配施一定数量的氮肥，以加速秸秆腐烂速度，防止秸秆分解使微生物与作物争夺养分。

④绿肥 凡把植物的绿色部分耕翻入土壤当作肥料的均称之为绿肥。为提供土壤肥料而种植的作物叫做绿肥作物。绿肥可改善土壤理化性状，加速土壤熟化和养分释放，提高地力。绿肥翻压腐烂后可显著增加土壤有机质和氮素含量，如豆科绿肥可固定空气中的氮素，使用或翻压豆科绿肥可适当减少化肥的施用量。生产上常用的绿肥作物有紫云英、草木

槐、苜蓿、豌豆等。

2. 无机肥料

(1)氮肥　常用的氮肥有尿素、碳酸氢铵、硫酸铵和氯化铵等。尿素含氮量为46%,白色晶体或颗粒,易溶于水,水溶液呈中性。常温下不易分解。尿素施入土壤后在微生物的作用下转化为碳酸氢铵,然后为作物吸收。尿素适宜做基肥或追肥,施肥后应及时灌水。另外,尿素还适宜用做叶面追肥,常用浓度为0.3%~0.5%。

碳酸氢铵含氮量为16.5%~17.5%,白色结晶状,有氨臭味,易吸湿,易溶于水,水溶液呈碱性。在高温条件下易分解成氨气。碳酸氢铵宜做追肥或基肥,但必须深施,追肥深施10厘米左右,基肥深施15厘米,施肥后应及时灌水。

(2)磷肥　常用的有过磷酸钙和钙镁磷肥等。过磷酸钙主要为五氧化二磷(P_2O_5),含量为12%~20%,易吸湿结块。过磷酸钙一般做基肥施用,与有机肥混合施用,可减少磷的固定。

钙镁磷肥是常用的弱酸溶性磷肥,含有效磷12%~20%。钙镁磷肥肥效不如过磷酸钙快,但后效期长。一般做基肥,与有机肥混合施用。每667平方米用量为20~30千克。

(3)钾肥　常用的有硫酸钾和氯化钾。硫酸钾含有效钾(K_2O)33%~50%,为白色或淡白色结晶或颗粒,也有红色的。硫酸钾易溶于水,是生理酸性的速效性肥料。可做基肥、追肥和叶面追肥用。一般与有机肥混合施用效果较好。其用量根据土壤缺钾状况确定。

氯化钾含有效钾(K_2O)54%~60%,颜色多为白色或淡黄色。可做基肥、追肥用。一般与有机肥混合施用较好。葡萄为忌氯作物,故在葡萄上不宜多用。

(4)复合肥料 是指含有氮、磷、钾3种养分中2种或2种以上养分的肥料。常用的有磷酸二铵、磷酸二氢钾等。

磷酸二铵总养分含量为62%～75%,其中含氮16%～21%,含有效磷(P_2O_5)46%～54%,性质较稳定。可做基肥、追肥施用。施肥量根据土壤状况而定。

磷酸二氢钾是磷、钾复合肥,作为肥料的磷酸二氢钾一般含有效磷(P_2O_5)45%,含有效钾(K_2O)31%以上。可做基肥、追肥及叶面喷肥施用。叶面喷肥施用浓度一般为0.2%左右。

(四)施肥时期、方法与数量

1. 农家肥施用 施用农家肥时,可混施适量化肥,如尿素、磷酸二铵、过磷酸钙等,则效果更好。施入量一般为每667平方米施优质农家肥5 000千克以上。不同的品种在不同的地区施肥量不同,如红地球葡萄,中国农业科学院果树研究所(2002年)提出每667平方米施优质农家有机肥6 000～8 000千克,即每株施50～100千克;河北张家口地区(1995年)提出每667平方米施基肥5 000～7 000千克;辽宁地区(1996年)提出每667平方米施优质基肥3 000～5 000千克。各地应根据当地的具体情况进行施肥。施入方法一般在果实采收后用沟施法,即在须根外部挖1条深40～60厘米、宽20～40厘米的沟,施肥后覆土灌水。

2. 化肥施用 在施有机肥的基础上,一般每年追施3～4次化肥。第一次在发芽前,主要追施氮肥,施后及时灌水,以促进发芽;第二次在抽枝和开花前喷施硼肥,以提高坐果率;第三次在果实膨大期,主要追施磷酸二铵,叶面喷施钙、镁、锰、锌等微肥;第四次在果实着色初期,主要追施磷酸二氢钾。

施肥量根据地力、树势和产量的不同,参考国内外标准,每产100千克浆果1年需施纯氮(N)0.25～0.75千克,磷(P_2O_5)0.25～0.75千克,钾(K_2O)0.35～1.1千克,进行平衡施肥。一般每667平方米每次追施尿素20～25千克。另外,不同果园的营养状况,在不同的时期可通过叶面喷施的方法进行追肥。根据各个葡萄园的具体情况,每年喷施3～4次,前期以氮肥为主,如0.2%～0.3%尿素;后期以磷、钾肥为主,如磷酸二氢钾和钙镁磷复合肥等。

三、灌水与排水技术

(一)灌 水

1. 沟灌 沟灌是目前葡萄生产采用最普遍的灌溉方式,即通过管道将水引入葡萄定植沟内。

2. 滴灌 我国严重缺水,人均年占有水量仅为2 300立方米,不足世界人均占有量的1/4,每公顷耕地平均占有水量为28 320立方米。我国农业灌溉水量每年约4 000亿立方米,其中60%左右被浪费掉。目前,我国大部分葡萄园仍采用地面灌溉。因此,采用节水灌溉技术势在必行。

(1)滴灌的优点 滴灌是通过特制滴头点滴的方式,将水缓慢地送到作物根部,减少蒸发损失,避免地面径流和深层渗漏,可节水、保墒、防止土壤盐渍化,而且不受地形影响,适应性广。滴灌具有以下五点优点:①节水,提高水的利用率。滴灌的水分利用率高达90%左右,可大量节水。②减小果园空气湿度,减少病虫害发生。采用滴灌可减少地面蒸发,果园内的空气湿度显著下降,减轻病虫害的发生和蔓延。③提高劳动生产率。在滴灌系统中有施肥装置,肥料随灌溉水直接送到植株根部,减少施肥用工,并且可提高肥效。④降低生产成本。滴灌实现了果园灌溉的自动化,可减少用工,降低生产成本。⑤适应性强。滴灌不用平整土地,适用于任何地形和土壤类型,不产生地面径流或深层渗漏。

(2)滴灌的组成　　滴灌是通过低压管道系统与安装在末级管管道上的特制滴水器(滴头或滴灌带),将水和作物生长所需的养分以较小的流量均匀、准确地直接输送到作物根部附近的土壤表面或土层中。滴灌系统由水源、首部枢纽、各级输水管道和灌水器组成。

水源可用符合要求的河流、湖泊、沟渠、井、泉水等。首部枢纽由水泵、动力机、过滤器、施肥罐、测量控制仪表组成。输配水管网包括管道和管件。管网通常分为干管、支管和毛管三级,一般采用塑料管道。灌水器是滴灌系统中的重要组成部分,有滴头和滴灌带等。

滴灌的突出问题是灌水器易堵塞,严重时会使整个系统无法正常运行。因此,滴灌用水一定要做净水处理。

(二)排　水

在雨量大的地区,如土壤水分过多,会引起枝蔓徒长,延迟果实成熟,降低果实品质。积水会造成根系缺氧,抑制呼吸,引起植株死亡。因此,在果园设计时应安排好排水系统。排水沟应与道路、防风林等相结合,一般在主干路的一侧,与园外的总排水干渠相连接,在小区的作业道一侧设有排水支渠。如条件允许,以设暗沟为好,这样可方便田间作业。但在雨季应打开排水口,及时排水。

(三)葡萄的需水规律及灌水

葡萄的耐旱性较强,只要有充足、均匀的降水,一般不需要灌溉。但我国大部分葡萄生长区降水量分布不匀,多集中在葡萄生长中、后期,而生长前期干旱少雨。因此,应适时进行灌水。一般生产上按葡萄物候期进行灌水。

1. 催芽水 葡萄上架后,结合第一次追肥灌水。此期正是葡萄开始生长和花序原基继续分化的时期,及时灌水可促进发芽率整齐和新梢健壮生长。

2. 花前水(花期停水) 葡萄一般在5月下旬至6月上中旬开花。在干旱地区或雨水少时,应在花前10天左右浇1次透水,促进葡萄开花整齐,提高坐果率。但在花期不宜浇水。

3. 催果水 为保证新梢的旺盛生长和果实膨大,追施催果肥后应及时灌水,以促进幼果迅速生长。

4. 施基肥后灌水 在果实采收后结合施基肥灌1次水,使肥与水沉实,可加速根系伤口愈合及发生新根,促进营养物质的吸收。

5. 越冬水 在下架埋土防寒前,灌1次防冻水,以利于根系防寒越冬。

第九章 葡萄主要病虫害防治

一、葡萄病虫害防治的方针

近年来,由于葡萄生产迅速发展,葡萄病虫害种类随之增多,发生规律也较复杂,所以要加大病虫害防治的力度。生产绿色食品葡萄的病虫害防治,就是根据生态学、经济学和环境保护学的整体观念,从果园生态系的整体出发,贯彻"预防为主,综合防治"的植保方针,以农业防治为基础,生物防治为核心,尽量利用物理和机械防治,在制定综合治理方案时,应首先考虑是否能与生物控制这个中心相协调。在使用化学农药时,应遵循绿色食品葡萄生产中农药使用准则(NY/T 5088—2002)中的有关规定,采用高效、低毒、低残留、无公害的化学药剂,既要把病虫害控制在允许的水平,保障葡萄丰产、稳产、优质、高效,又要保证果品中的农药残留量低于国家绿色食品规定的标准。

二、葡萄病虫害的综合防治方法

(一)植物检疫

植物检疫是遵循国家的植物检疫法及有关条例,运用强制手段和科学技术方法,预防和阻止植物的危险性病、虫、草从国外传入或从国内传出以及从国内传播到另一尚无该种危险性病、虫、草的地区。植物检疫是贯彻植保方针的重要措施。随着改革开放以来,从国外引进的植物种苗、种质资源,无论种类和数量都大幅度地增长。因此,为了葡萄的安全生产和出口贸易,必须加大植物检疫的力度。进出口和国内地区间调运的种子、苗木、接穗、种条和农产品进行现场或产地检疫,发现带有病原、害虫的材料,在到达新区前或进入新区分散前进行处理。如设立观察圃,进行隔离观察,严禁从疫区调运已感病或携带病原、害虫的种子、苗木、接穗、种条和农产品。一旦发现检疫对象应及时扑灭。

(二)农业防治

1. 选用抗病虫品种及砧木 生产上应用抗性品种是防治病虫害最经济有效的方法。如抗病虫害品种间或种间杂交选育抗性较强的品种效果明显。近年来,生产上栽培的欧美杂交种葡萄品种,如巨峰群和康太等,抗黑痘病、炭疽病性能均较强,很受栽培者欢迎。又据报道,最近从国外引进抗根瘤蚜和抗线虫的葡萄砧木,如 SO_4、420A、5BB、5C 等,通过无性嫁接培育出的葡萄苗木,能达到防治葡萄根部病虫害的目的。

2. 保持果园清洁 搞好果园清洁是消灭葡萄病虫害的根本措施。将冬剪剪下的枯枝叶、剥掉的蔓上老皮、果园中的残枝落叶和杂草清扫干净,集中烧毁或深埋。在生长季节发现病虫危害时,也要及时仔细地剪除病枝、果穗、果粒和叶片,并立即销毁,防止再传播蔓延。

(三)生物防治

生物防治是综合防治的重要环节。其特点是对果树和人、畜安全,不污染环境,不伤害天敌和有益生物,具有长期控制的效果。

1. 利用天敌防治 加强本地优势种天敌的人工饲养、大量繁殖技术、工厂化生产工艺及现代化机械装备的研制,实现产业化天敌的商品化生产体系。我国目前初具规模生产的天敌昆虫仅为赤眼蜂一种,这与北美形成商品化生产的 120 余种天敌(132家经销商)相比,差距甚大。

2. 应用生物农药,促进生防手段商品化,减少环境污染 目前在葡萄生产上应用农抗402生物农药,在切除后的癌肿病瘤处涂抹,有较好防治效果。农抗120是中国农科院近年来研究的一种新型抗菌素,其中120A和120BF可以作为防治葡萄白粉病较理想的生物药剂,并且对葡萄黑痘病也有较好的疗效。

(四)化学防治

绿色食品葡萄生产中农药的使用准则需参照农业行业标准《无公害食品 鲜食葡萄生产技术规程》(NY/T 5088—2002)中的规定使用化学农药防治病虫。

1. 禁止使用剧毒、高毒、高残留农药和致畸、致癌、致突变农药 葡萄绿色食品和无公害生产中禁止使用的农药包括滴滴涕、六六六、杀虫脒、甲胺磷、对硫磷、甲基对硫磷、久效磷、磷胺、甲拌磷、氧化乐果、水胺硫磷、特丁硫磷、甲基硫环磷、治螟磷、甲基异柳磷、内吸磷、克百威、涕灭威、灭多威、汞制剂、砷类等。此外,还包括苯氧乙酸类(2,4-D、MCPA和它们的酯类、盐类)、二苯醚类(除草醚、草枯醚)、取代苯类(五氯酚钠)等除草剂。其他国家规定禁止使用的农药,从其规定。

2. 提倡使用矿物源、植物源、动物源农药、微生物源农药以及高效、低毒、低残留农药

(1)矿物源农药

①硫制剂 硫悬浮剂、可湿性硫、石硫合剂等。

②铜制剂 硫酸铜、碱式硫酸铜、氢氧化铜、氧化亚铜、氯氧化铜、波尔多液等。

③矿物油乳剂 机油乳剂、柴油乳剂等。

生产上最常用的是波尔多液和石硫合剂,这两种药剂对害虫和病菌不产生抗药性,且持效期较长。

(2)植物源农药　如除虫菊素、苦楝素、川楝素、鱼藤酮、藜芦碱、苦参碱、苦皮藤、烟碱、大蒜素、腐必清以及天然植物(辣椒、八角、茴香)等。这类药剂的最大特点是不污染环境,对害虫和病菌不易产生抗性,无公害,对人、畜、鸟、蜂安全。

(3)微生物源农药　一类是直接用微生物如病毒、细菌、真菌来防治农作物的病、虫、草害;另一类是利用微生物的产生物来防治病、虫、草害。这类药剂的特点是选择性高,易被土壤分解而不污染环境,药剂用量低且对人、畜安全。微生物杀虫剂有:细菌杀虫剂中的苏云金杆菌、青虫菌等,真菌杀虫剂中的白僵菌,病毒杀虫剂中的核多角体病毒以及微生物产生物阿维菌素等。微生物杀菌剂有:春雷霉素、井冈霉素、多抗霉素、农抗菌素120等。

3. 科学合理使用农药　在绿色食品葡萄生产中,农药的使用应按国家标准《农药合理使用准则》中规定的浓度、每年最多使用次数和安全间隔期实施。同时应加强病虫害的预测预报,有针对性地适时用药,未达到防治指标或益虫与害虫比例合理的情况下不使用农药;根据天敌发生特点,合理选择农药种类、施用时间和施用方法,保护天敌,严格按照规定的浓度、每年使用次数和安全间隔期要求施用,施药需均匀周到;注意不同作用机制农药的交替使用和合理混用,以延缓病菌和害虫产生抗药性,提高防治效果。详见第九章表9-1。

三、葡萄主要真菌及细菌病害的特征、识别与防治

(一)葡萄黑痘病

1. 分布与危害 葡萄黑痘病又称疮痂病等。国内分布很广,在多雨潮湿的南方地区发生较严重。

2. 症状 主要叶片和嫩梢受害,初呈针眼大小的圆形褐色斑点,扩大后中央呈灰褐色,边缘色深,病斑直径1~4毫米。随着叶的生长,病斑常形成穿孔。新梢、卷须、叶柄受害,病斑呈暗褐色、圆形或不规则形凹陷,后期病斑中央稍淡,边缘深褐,病部常龟裂。幼果受害,病斑中央凹陷,呈灰白色,边缘褐至深褐色,形似鸟眼状,后期病斑硬化、龟裂、果小而味酸不能食用(图9-1)。

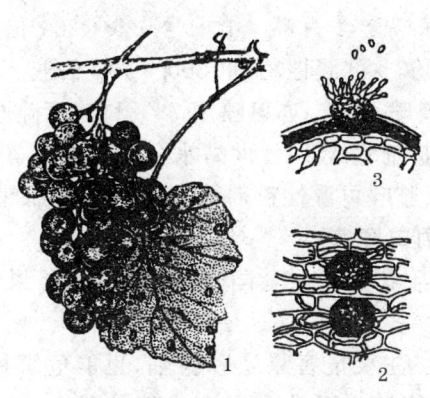

图9-1 葡萄黑痘病
1. 病叶、病果及病蔓 2. 菌丝及菌丝块
3. 分生孢子盘及分生孢子

3. 病原及发生规律 由半知菌亚门、痂圆孢属 *Sphaceloma ampelinum* de Bary. 真菌的无性阶段侵染所致。分生孢子盘半埋在寄主组织表皮下,突破表皮长出分生孢子梗及分生孢子;孢子梗短,单胞,顶生分生孢子。分生孢子无色、单胞、椭圆形略弯曲,大小为 5～6 微米×2.5～3.5 微米。有性世代很少见。

主要以菌丝体在病蔓的溃疡斑内越冬。翌年 5 月份产生分生孢子,借风雨传播,孢子萌发后,芽管直接侵入到幼嫩组织内,形成初次侵染;以后病部产生分生孢子进行多次再侵染。多雨、高湿有利于分生孢子的形成、传播和萌发侵染,也有利于寄主生长。因此,幼嫩组织先发病。

4. 综合防治 ①少施氮肥,适量灌水,防止植株徒长。雨后及时排水,合理修剪通风透光,及时剪除病果、病梢、病叶,减少菌源。②春天芽萌动后展叶前喷 3～5 波美度石硫合剂。展叶后每隔半个月喷 1 次 1∶0.5∶200 倍波尔多液或 80％必备(波尔多可湿性粉剂)300～400 倍液。花前花后两次喷药一定要喷均匀。亦可喷用 78％科博可湿性粉剂 500～600 倍液(保护剂),或 10％世高水分散粒剂 2 000～3 000 倍液,或 15％亚胺唑可湿性粉剂 3 000 倍液(治疗剂)。

(二)葡萄白腐病

1. 分布与危害 在全国发生普遍,每年果实损失率在 10％～30％。

2. 症状 主要危害果实和穗轴,也能危害枝蔓和叶片。果实上发病,病菌主要从小果梗或穗轴侵入,病斑初呈水渍状、淡褐色、边缘不明显的斑点,然后病斑扩展并通过果刷蔓延到整个果粒,受害果粒腐烂,上面着生灰白色的小粒点,为病原菌的分生孢子器。最后病果皱缩、干枯成为有明显棱角的僵果。果实前期发病易失水干枯,黑褐色的僵果往往挂在树上不落。枝蔓及新梢摘心处初发病时,病斑呈淡黄色、水渍状,手触时有黏滑感,随后表皮变褐、纵裂,韧皮部与木质部分离,呈乱麻状。有时在病斑的上端病健交界处由于养分输送受阻变粗或呈瘤状,对植株影响很大。病果、病蔓都有一种特殊的霉烂味,这是该病最大的特点之一。叶片受害,多在叶缘或破伤部位发生,病斑初呈水渍状、浅褐色圆形或不规则形病斑,逐渐向叶片中部蔓延,并形成深浅不同的轮纹,病组织枯死后易破裂(图 9-2)。天气潮湿时,也形成分生孢子器。

3. 病原及发生规律 常见的无性世代属半知菌亚门、白腐盾壳霉菌属 *Coniothyrium diplodiella* (Speg.) Sacc. 分生孢子器球形或扁球形,灰白色至灰褐色,并有孔口。分生孢子梗单胞、无色,着生在孢子器底部的丘状组织上;分生孢子单胞、椭圆形或瓜子形、初无色,成熟时呈褐色,大小为 8.9～13.2 微米×6～8 微米。

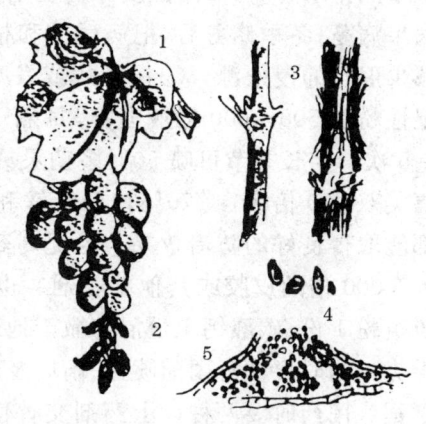

图 9-2 葡萄白腐病
1. 病叶 2. 病果 3. 病蔓
4. 分生孢子 5. 分生孢子器

病原菌以分生孢子器及菌丝体在病组织中越冬,散落在土壤中的病残体是翌年初侵染的主要来源。靠风雨、昆虫传播。雨水把带有分生孢子的土壤颗粒飞溅到果穗和接近地面的新梢上侵染发病。一般6月中下旬开始发病,7月下旬和8月上旬为盛期。夏季高温多雨易造成病害流行。果园地势低洼、排水不良,管理粗放发病严重。白腐病菌为弱寄生菌,主要由伤口侵入,如田间操作的机械伤、虫咬伤以及风害、雹害造成的伤口和叶片的气孔等,都是病菌侵入的门户。

4. 综合防治 ①合理施肥,多施有机肥,增强树势,提高树体抗病力。②提高结果部位,50厘米以下不留果穗,减少病菌侵染的机会。③合理确定负载量,新梢间距离不得小于10厘米,通风透光良好。④及时摘心、绑蔓和中耕除草。注意果园排水,降低田间湿度。葡萄生长季节勤检查,及时剪除病果病蔓;冬季修剪后,把病残体和枯枝落叶深埋或烧毁,以减少翌年的侵染源。⑤在发病或发病初期可用78%科博可湿性粉剂500~600倍液喷雾,每隔7~10天喷1次,共喷4~5次。生长季节可喷50%多菌灵或50%甲基托布津、50%福美双800倍液,或70%代森锰锌和64%杀毒矾700倍液,都能取得良好的防治效果。为提高药效,雨季可在药液中加入2000倍的皮胶或其他粘着剂。也可用50%福美双1份、硫黄粉1份、碳酸钙1份混匀撒于地表,每公顷用药量15~30千克。同时要注意雨前喷药、雨后及时补喷,控制该病的发生蔓延。用药时要两种以上药剂交替使用,以减少病虫的抗药性。

(三)葡萄霜霉病

1. 分布与危害 葡萄霜霉病是世界性的病害,在我国分布很广。是我国葡萄产区的主要病害之一。

2. 症状 叶片受害,叶面最初呈现油渍状小斑点,扩大后为黄褐色、多角形病斑。环境潮湿时,病斑背面产生一层白色霉状物,即病原菌的孢囊梗及孢子囊;嫩梢、花梗、叶柄发病后,油渍状病斑很快变成黄褐色凹陷状,潮湿时病部也产生稀少的白色霉层;病梢停止生长、扭曲,甚至枯死。幼果感病,最初果面变灰绿色,上面布满白色霉层,后期病果呈褐色并干枯脱落(图 9-3)。

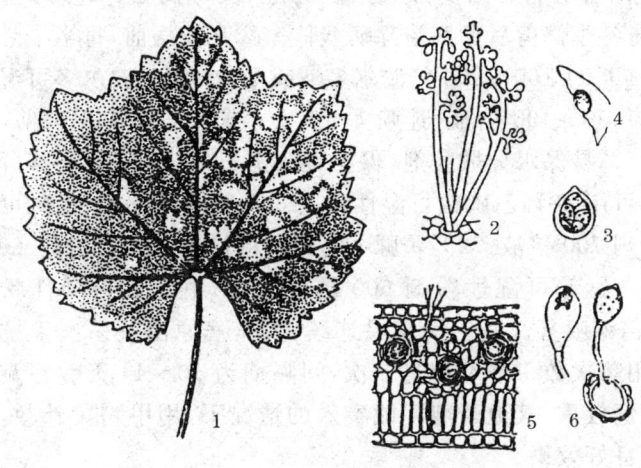

图 9-3 葡萄霜霉病
1. 病叶 2. 孢囊梗及孢子囊 3. 孢子囊 4. 游动孢子
5. 病组织中的卵孢子 6. 卵孢子萌发为芽孢囊

3. 病原及发生规律 由鞭毛菌亚门、单轴霉菌属 *Plasmopara Viticola* (Berk. et Curt.) Berl et de Toni. 侵染所致。无性阶段的孢子囊为其繁殖体,有性阶段产生卵孢子。孢囊梗1~20枝成簇从气孔伸出,无色,呈单轴分枝,分枝处成直角,末端的小梗上着生孢子囊,呈无色、单胞、倒卵形或椭圆形,大小为 12~30 微米×8~18 微米,顶部有乳头状突起,孢子囊在水滴中产生 6~8 个具有双鞭毛的游动孢子。

以卵孢子在病叶等病残组织中越冬。翌年在适宜的条件下萌发,产生孢子囊,孢子囊萌发产生 6～8 个游动孢子,借雨水飞溅传播,由气孔、水孔侵入寄主组织,经 7～12 天潜育期,又产生孢子囊,进行再侵染。在山东省 7～8 月开始发病,8 月下旬至 9 月为盛期。

4. 综合防治 ①加强果园管理,及时摘心、绑蔓和中耕除草;冬季修剪后彻底清除病残体。②在发病前,每半个月喷 1 次 1∶1∶160～200 倍波尔多液或 80% 必备(波尔多可湿性粉剂)300～400 倍液,连喷 4～5 次;或在病斑出现以前,用 68.75% 易保水分散粒剂(保护剂)800～1 200 倍液喷雾。生长季可用 80% 乙磷铝可湿性粉剂 600 倍液、64% 杀毒矾可湿性粉剂 700 倍液、72% 霜脲·锰锌可湿性粉剂 600 倍液、69% 安克·锰锌可湿性粉剂 600 倍液、25% 甲霜灵可湿性粉剂 500 倍液喷雾。其中甲霜灵连续使用,病原菌较易产生抗药性,用药次数每季不超过 3 次,间隔期为 10～14 天。在霜霉病发病较重、其他药剂不能奏效的情况下,用甲霜灵补救,将收到良好效果。

(四)葡萄炭疽病

1. 分布与危害 在我国分布较广,以华北、华东、华中等地区受害较重。

2. 症状 果实初发病时,果面上发生水渍状淡褐色斑点或雪花状病斑。以后逐渐扩大呈圆形、深褐色稍凹陷的病斑,其上产生许多黑色小粒点,并排列成同心轮纹状,在潮湿的情况下,小粒点涌出粉红色黏稠状物,即为病原菌的分生孢子团。该病侵染新梢、叶片时,一般不表现症状,认为该病具有潜伏侵染的特性(图 9-4)。

3. 病原及发生规律 常见的无性世代属于半知菌亚门、盘长孢菌属 *Gloeosporium*、*fructigenum* Berk.,病果上的小黑粒点为分生孢子盘，上面聚生分生孢子梗，顶端着生分生孢子。分生孢子无色、单胞、圆筒形或椭圆形，大小为 10.3～15 微米×3.3～4.7 微米。

病菌主要以菌丝体在结果母枝和挂在架面的病残体上越冬。翌年 5～6 月间条件适宜时，带菌蔓上便产生分生孢子，借雨水或昆虫传播。当分生孢子

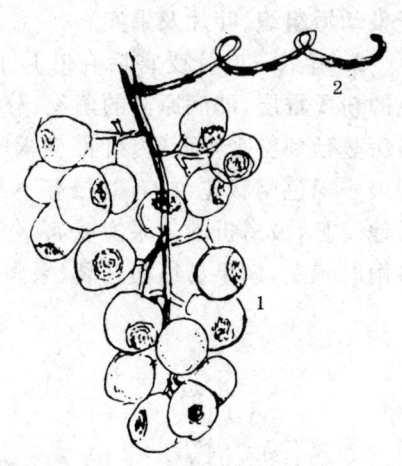

图 9-4　葡萄炭疽病
1. 病果　2. 病卷须

随雨水滴落到果实上，便萌发并侵入引起初次侵染。若传播到新梢、叶片上时，病菌萌发侵入后便潜伏在皮层内，表面看不出异常，这种带菌的新梢又将成为下年的初次侵染源。7～8 月份高温多雨常导致病害流行。

4. 综合防治　①加强田园管理，使通风透光良好。冬季修剪后将病残体集中深埋或烧毁。②春天芽萌动后、展叶前往结果母枝上喷 3 波美度石硫合剂或 80% 必备（波尔多可湿性粉剂）300～400 倍液。发病前或发病初期，用 78% 科博可湿性粉剂 500～600 倍液喷雾，每隔 7～10 天喷 1 次，共喷 4～5 次。生长季可用 50% 多菌灵可湿性粉剂 600～700 倍液或 50% 苯菌灵可湿性粉剂 1 500～1 600 倍液，重点喷结果母枝。

（五）葡萄白粉病

1. 分布与危害　葡萄园常见病害，国内分布较广。主要

侵染幼嫩组织、叶片及果实。

2. 症状 叶片受害后在叶片上部产生一层白色至灰白色的粉质霉层,即病原菌的菌丝、分生孢子梗及分生孢子。当粉斑蔓延到整个叶面时,叶面变褐、焦枯。新梢受害,表皮出现很多褐色网状花纹,有时枝蔓不易成熟。果梗、穗轴受害,质地变脆,极易折断。果实受害,停止生长,有时变畸形。在多雨时感病,病果易纵向开裂、果肉外露、极易腐烂(图9-5)。

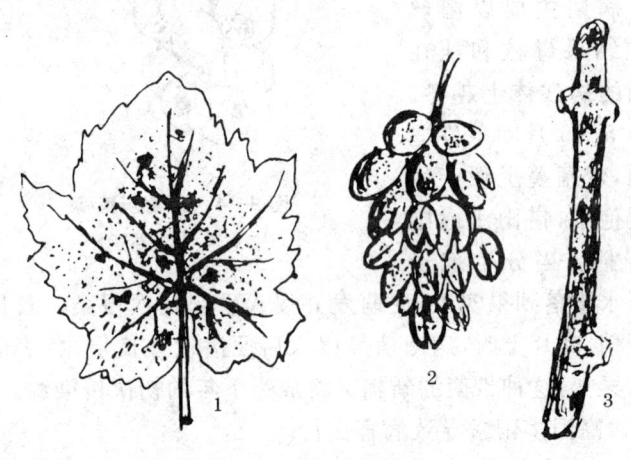

图 9-5 葡萄白粉病
1. 病叶 2. 病果 3. 病蔓

3. 病原及发生规律 由子囊菌亚门、钩丝壳菌属 *Uncinula necater*(Schw.)Burr.侵染所致。无性世代(*Oidium* SP.)为半知菌亚门、粉孢属。该菌的分生孢子成串着生在分生孢子梗上。分生孢子无色,单胞,椭圆形,大小为 16.3～20.9 微米×28～34.9 微米。闭囊壳球形,基部有 10～30 根附属丝,有分隔,顶端卷曲。

该病菌以菌丝在枝蔓的组织内越冬,翌年条件适宜时形成分生孢子,借风力传播。孢子萌发后,以吸器侵入寄主表皮细胞内吸取养分而形成褐色的网状花纹,菌丝体在表皮扩展营外寄生。在山东省一般 7 月上旬开始发病,7 月下旬至 8 月份为盛期。闷热天气易流行。栽植过密、氮肥过多,通风透光不良,均有利于发病。

4. 综合防治　①加强管理和清洁田园。②展叶前喷铲除剂。生长期可喷 0.2～0.3 波美度石硫合剂,或 25% 粉锈宁可湿性粉剂 1 000 倍液,或 12.5% 速保利(特谱唑)可湿性粉剂 3 000 倍液,或 5% 安福 1 500 倍液,均可控制该病发生。

(六)穗轴褐枯病

1. 分布与危害　近年,该病在辽宁、山东、湖南等省发生较重,有的果园病穗率达 50% 以上,减产 20%～30%。

2. 症状　此病主要危害葡萄花穗的花梗、果穗的果梗和穗轴。穗轴、花梗受害,初为淡褐色水渍状病斑,扩展后渐渐变为深褐色、稍凹陷的病斑,湿度大时斑上可见褐色霉层。若小分枝穗轴发病,当病斑环绕 1 周时,其上面的花蕾或幼果也将萎缩、干枯、脱落。发生严重时,几乎全部花蕾或幼果落光(图 9-6)。

3. 病原及发生规律　病原菌 *Alternaria viticola* Brun 为半知菌亚门、葡萄链格孢菌。分生孢子梗丛生,不分枝,有时呈屈曲状、褐色。分生孢子单生或串生,呈棍棒状、褐色,大小为 20～47.5 微米×7.5～17.5 微米,具有 1～7 个横隔,0～3 个纵隔膜,有较长的喙胞。

病菌以分生孢子和菌丝体在母枝芽的鳞片及枝蔓表皮内越冬,翌年条件适宜时萌发侵入寄主组织。5 月上中旬的低温、多雨有利于病菌的侵染、蔓延。病菌危害幼嫩的花穗、花

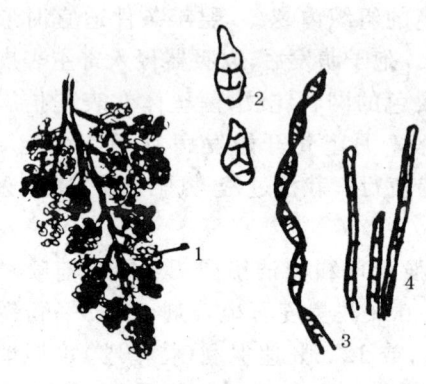

图 9-6 葡萄穗轴褐枯病
1. 被害花序 2. 分生孢子
3. 分生孢子梗及分生孢子 4. 分生孢子梗

蕾、穗轴或幼果。引起花蕾、幼果萎缩、干枯,造成大量落花落果。一般减产10%～30%,严重时可减产40%以上。南方的梅雨天气,有利于该病的发生蔓延。巨峰易感此类病害,康拜尔、玫瑰露等较抗病。

4. 综合防治 ①冬季修剪后,彻底清洁田园,把病残体集中烧毁或深埋。②芽萌动后,喷3波美度石硫合剂200倍液。③发病前或发病初期,用78%科博可湿性粉剂500～600倍液喷雾,每隔7～10天喷1次,共喷4～5次。使用50%多菌灵可湿性粉剂或75%百菌清可湿性粉剂800倍液,亦可控制该病的扩展。

(七)葡萄褐斑病

1. 分布与危害 葡萄褐斑病在我国各葡萄产地多有发生,以多雨潮湿的沿海和江南各省发病较多,一般干旱地区或少雨年份发病较轻,管理不好的果园多雨年份后期可大量发病,引起早期落叶,影响树势造成减产。

2. 症状 褐斑病有大褐斑病和小褐斑病两种。大褐斑病主要为害叶片,侵染点发病初期呈淡褐色、不规则的角状斑点,病斑逐渐扩展,直径可达1厘米,病斑由淡褐变褐,进而变赤褐色,周缘黄绿色,严重时数斑连结成大斑,边缘清晰,叶背面周边模糊,后期病部枯死,多雨或湿度大时发生灰褐色霉状物。有些品种病斑带有不明显的轮纹。小褐斑病侵染点发病出现黄绿色小圆斑点并逐渐扩展为2～3毫米的圆形病斑。病斑部逐渐枯死变褐进而茶褐,后期叶背面病斑生出黑色霉层(图9-7)。

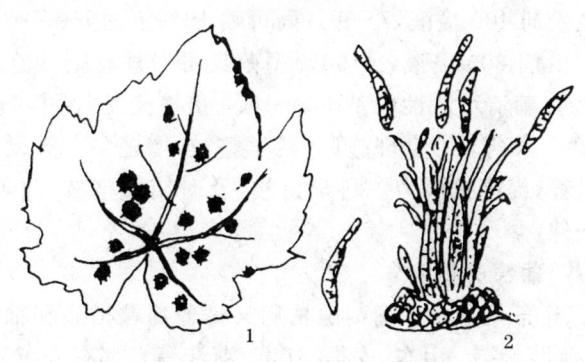

图9-7 葡萄褐斑病
1. 病叶正面 2. 病孢子梗束及分生孢子

3. 病原及发生规律 大褐斑病 *Pseudocercospora vitis* (Lev.)Speg. 属半知菌亚门、拟尾孢属。分生孢子梗细长,暗褐色,有2～6个隔膜,常10～30根集结成束状。单根分生孢子梗大小为92～225微米×2.8～4微米,顶端着生分生孢子。分生孢子棍棒状,下端略宽,暗褐色,稍弯曲,具有7～11个横隔膜,大小为23～84微米×7～10微米。小褐斑病为束梗尾孢菌寄生引起。

大褐斑病病菌分生孢子寿命长,可在枝蔓表面附着越冬,借风雨传播,在高湿条件下萌发,从叶背面气孔侵入,潜育期约20天。北方多在6月份开始发病,7～9月为发病盛期,多雨季节可多次重复侵染,造成大发生。在江苏、浙江、上海等地有两次发病高峰,分别在 6 月份和 8 月份。小褐斑病的发生与大褐斑病相似。

4. 综合防治 ①彻底清除枯枝落叶减少病源。②发芽前喷 3~5 波美度石硫合剂。③发病严重的地区结合其他病害防治,6 月份可喷 1 次等量式 200 倍波尔多液或 40% 必备可湿性粉剂 400 倍液,7~9 月间可喷 10% 宝丽安(多抗霉素)可湿性粉剂 800 倍液,或 50% 多菌灵可湿性粉剂 800 倍液,或 72% 百菌清可湿性粉剂 600~800 倍液交替使用,每 10~15 天喷 1 次药。④合理施肥,科学整枝,增施多元素复合肥,增强树势,提高抗病力。科学留枝,及时摘心整枝,改善通风透光条件。

(八)葡萄房枯病

1. 分布与危害 葡萄房枯病又称葡萄粒枯病和轴枯病。辽宁、河北、河南、山东、安徽、江苏、浙江等省都有分布。该病在一般年份危害不严重,但在高温、高湿的环境条件下,如果果园管理不善,树势衰弱时发病较重。

2. 症状 果穗发病先在果梗基部接近果粒处呈现淡褐色病斑,后病斑变为褐色并蔓延到穗轴上,当病斑绕果梗 1 周时,则萎缩干枯。果粒受害,先由果蒂部失水而萎蔫,扩展到整个果粒并呈灰褐色,最后干缩成僵果,挂在树上经久不落。病果表面产生稀疏而较大的黑色小粒点即为分生孢子器。这是与白腐病、黑腐病病果的主要区别。病叶发病时,出现灰白色圆形病斑,其上也产生分生孢子器(图 9-8)。

3. 病原及发生规律 无性世代属半知菌亚门、大茎点菌属 *Macrophoma faccida*(Viala et Ravaz).,无性世代的分生孢子器半埋在寄主表皮下,球形或扁球形,暗褐色,大小为 80~240 微米×104~320 微米。其内产生分生孢子,呈纺锤

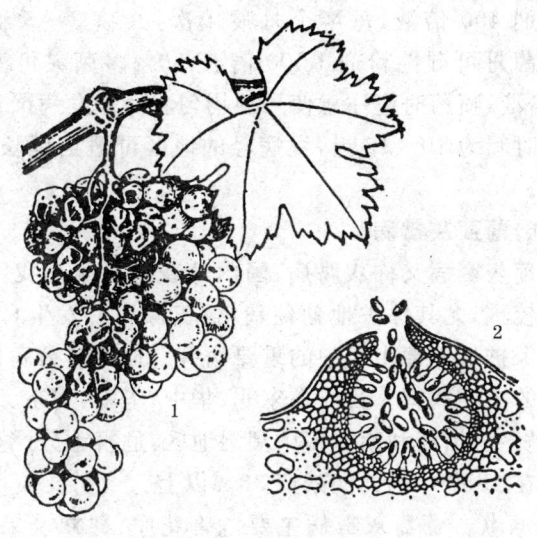

图 9-8 葡萄房枯病
1. 病果 2. 分生孢子器及分生孢子

形或圆柱形,大小为 5～7 微米×16～24 微米。有性世代很少发生。

病原菌以分生孢子器在病僵果和病残体上越冬,翌年 5～7 月份释放出分生孢子,借风雨传播,进行初次侵染。病菌发育的最适温度为 35℃ 左右。在高温多雨的 7～8 月份,气温在 15℃～35℃ 时,适于病害的发生,但病害流行的最适宜的温度为 24℃～28℃。分生孢子在 24℃～28℃ 的温度下经 4 小时即能萌发。一般欧亚种葡萄较易感病。

4. 综合防治　①注意果园卫生,秋季要彻底清除病枝、叶、果等,并集中烧毁或深埋。②加强果园管理,注意排水,及时剪副梢,改善通风透光条件,增施肥料,增强植株抵抗力。③葡萄落花后开始喷 1∶0.7∶200 波尔多液或 80% 必备可湿性粉剂400倍液,每半个月喷1次,共喷3～5次。或喷80%敌菌丹可湿性粉剂1 500倍液、50%多菌灵可湿性粉剂1 000倍液,喷药时应注意使果穗均匀着药。发病严重区两次药间隔时间为10～15天,发病轻的地区可适当延长,注意交替用药。

(九)葡萄灰霉病

葡萄灰霉病又称灰腐病,国内外普遍发生。我国近几年来发病较重,尤其保护地葡萄栽培,灰霉病的发生日趋严重,已成为保护地葡萄生产中的重要病害。葡萄灰霉病也是葡萄贮藏中的主要病害。目前在东北、华中、华南、华东、北京等地区都有发生,沿海和南方多雨潮湿地区,危害十分严重。如上海郊区在1987年因此病减产30%以上。

1. 病状 葡萄灰霉病主要危害花序、穗梗及果实,也危害叶片。

病初花序似热水烫状,后变暗褐色,病部组织软腐,表面密生灰霉,即分生孢子,稍加触动,孢子呈烟雾状飞散,被害花序萎蔫,幼果极易脱落。

果实近成熟期和贮藏期发病,先产生淡褐色凹陷病斑,很快扩展全果,使果实腐烂。

果梗感病后,变成黑褐色,有时病斑上产生黑色块状的菌核。严重时新梢、叶片也能感病,产生不规则的褐色病斑,叶上病斑有时出现不规则的轮纹。在空气潮湿条件下,病斑上产生灰色霉层,即分生孢子梗和分生孢子(图9-9)。

2. 病原及发病规律 葡萄灰霉病是一种真菌病害。病菌以菌丝体、菌核或分生孢子随病残组织在土壤中越冬。翌春由菌丝体和菌核产生的分生孢子以及越冬后残存的分生孢子,借风雨传播,通过伤口和幼嫩组织皮孔侵入。

葡萄灰霉病一年有两次发病期。第一次发病期在5月中下旬至6月上旬(开花前后),此时如低温多雨,空气湿度大,则造成花序大量被害。第二次发病期是在果实着色至成熟期。如久旱逢雨后,土壤水分饱和,引起裂果,病菌从伤口侵入,导致果粒大量腐烂。果园氮肥过多,枝叶徒长,土壤黏重,排水不良等,均能促进发病。葡萄品种间发病也有差异,如巨峰、新玫瑰、洋红蜜、白玫瑰、胜利等品种发病较重;葡萄园皇后、玫瑰香、白香蕉等品种发病轻;尼加拉、黑汉、红加利亚、黑大粒等品种很少发病。

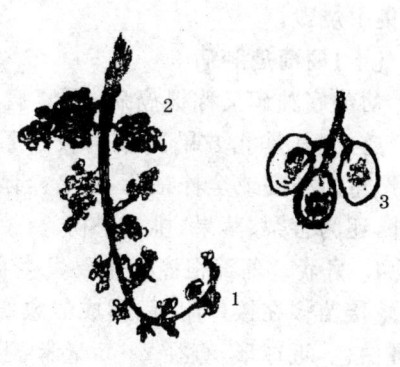

图9-9 葡萄灰霉病
1. 花穗病尖 2. 正常花穗部分 3. 病果

3. 防治方法

(1)加强果园管理 露地栽培和保护地栽培都要注意土壤排水,合理灌水,降低湿度,少施氮肥,防止徒长,控制病菌扩散再侵染。

(2)药剂防治 应以花前为主,在花前7天喷1次药,临近开花时再喷1次药,花期停止喷药,花后立刻喷药,以后每10天左右喷1次药,即可控制发病。主要用50%速克灵500~3 000倍液,40%嘧霉胺或50%甲基托布津500~600倍液,或50%灰霜特可强壮性粉剂800倍液。

(3)消灭病原 在秋季落叶和冬剪时,彻底清扫枯枝病叶,集中烧毁。

(十)葡萄癌肿病

葡萄癌肿病又称根癌病、冠瘿病。在我国葡萄产区分布较广泛,尤其是北方果区发病较严重,能造成树势衰弱而减产,严重时枝蔓或全株枯死,甚者全园毁灭。该病除了危害葡萄外,还为害梨、苹果、桃等果树。

1. 病状 葡萄根癌病主要发生在1～3年生枝蔓的根茎部,嫁接苗多在接口附近,形成似愈伤组织的肿瘤。病初肿瘤为乳白色,近球形,直径2～5毫米,组织柔嫩,表面光滑,以后癌瘤不断增大,逐渐变褐色、深褐色,质地变硬,表面粗糙。瘤的大小不一,有圆形或扁圆形,由数10个小瘤形成1个大瘤,老熟瘤体表面出现龟裂,在阴雨潮湿天气腐烂脱落,并放出腥臭味。受害植株,因皮层及输导组织被破坏,生长衰弱,叶小、黄化,果穗少而小,果粒大小不齐,成熟不一致。植株逐渐衰弱,严重时死亡(图9-10)。

2. 病原及发病规律 葡萄根癌病由一种杆状细菌引起。病菌随病残体在土壤里越冬。条件适宜时通过伤口、嫁接口和冻伤侵入植株体内。或通过灌水、雨水扩散传播。

细菌侵入组织后,刺激周围细胞加速分裂而形成肿瘤,病菌的

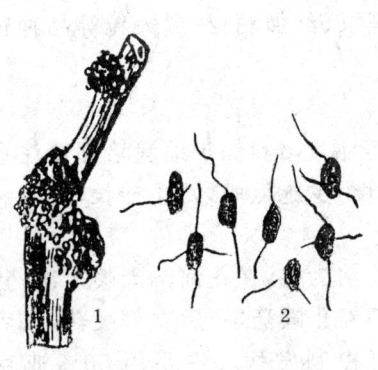

图9-10 葡萄细菌性癌肿病
1. 枝蔓病变 2. 细菌

潜育期由几周至1年以上,过晚侵入可潜伏到翌春发病。辽宁每年从6～10月都有发生,8月份发生最多,10月下旬停止。山东、河北、河南等省,5月上中旬开始发病,6月中旬至8月中旬发展最快,9月下旬后逐渐缓慢,难以形成新瘤。一般气温适宜,雨量多,湿度大,肿瘤发生量也大。砂质土壤、地下排水不良、碱性土壤等发病较重。切接苗比芽接苗发病较重,给幼树锄草、松土时伤根茎者易发病。品种间感病也有差异,如巨峰、玫瑰香、新玫瑰、黄金后等较易感病,康拜尔、尼加拉、罗也尔玫瑰、龙眼、贝达等品种抗性较强。

3. 防治方法

(1)幼苗消毒 新建园栽苗时用1％硫酸铜液浸泡5分钟,再放入2％石灰水浸泡1分钟,或用3％次氯酸钠浸泡3分钟,或用5波美度石硫合剂浸泡1分钟,杀死附在根部的细菌。

(2)药剂防治 田间发现病株,先切除肿瘤,然后用石硫合剂渣子或抗菌素402、401 50倍液,或链霉素400倍液、石硫合剂原液涂抹,均可收到较好效果。

(3)加强检疫 引进苗木和种条接穗时要严格检疫,并用1％硫酸铜液或抗生素消毒3分钟后方可分散栽植。一旦发现死株及时拔掉,在补栽前用1％硫酸铜液或抗生素50倍液对土壤进行消毒。有条件时更换根际1立方米土壤后再行补栽。

(4)加强田间管理 增施有机肥料,适当多施些微酸性肥料,给细菌造成不利环境,以减少发病。田间各项作业,注意防止根茎发生伤口,减少细菌入侵机会。灌水时,防止从病区流向无病区,以免扩散传播。

四、葡萄主要病毒病的特征、识别与防治

葡萄病毒病害分布较广,危害较重,我国葡萄栽培区都有发生,导致植株衰弱,产量和品质下降,已成为限制我国葡萄生产的重要因素。

(一)主要病毒病及症状

1. 葡萄扇叶病(Fanleaf) 葡萄扇叶病是由线虫传多面体病毒组中的葡萄扇叶病毒(Grapevine Fanleaf Virus,GFLV)侵染所致。

葡萄扇叶病的症状春季明显,主要表现为叶片不对称,叶缘锯齿加深,叶柄凹大宽张,主脉异常聚近,呈扇形,有时伴有褪绿斑驳;叶片开始出现黄色斑点(有时为环斑或线纹斑),后发展为黄绿相间花叶,直至整叶变黄,黄化叶片逐渐变白,最后脱落;新梢扁化,节间缩短,双芽,拐节,分枝不正常,呈丛状。葡萄扇叶病症状的表现,首先是在相对独立的病株上,然后以这些病株为中心,逐年向外扩展。

葡萄扇叶病毒只能存在于所寄生的葡萄植株体内和挖掘病株后残留在土壤中的活根中,并以此传播病毒。这些部位就构成了重要的侵染源。

葡萄扇叶病的症状易与其他病害的症状相混淆,如缺铁症,叶片发黄,但叶脉保持绿色。

2. 葡萄卷叶病(Leafroll) 葡萄卷叶病的病原是长线性病毒组的多种葡萄卷叶相关病毒(Grapevine leafroll-associated viruses,GLRaVs)。目前已从发病葡萄上分离到葡萄卷叶相关病毒8种,即葡萄卷叶相关病毒1、2、3、4、5、6、7、8。这些病毒单独或复合侵染均可引起葡萄卷叶病(董雅凤等,2002)。

葡萄卷叶病的主要症状是：病株长势减弱；夏末秋初，植株下部叶片向下反卷，后逐渐蔓延至整个植株；红色品种叶脉间变红，白色品种叶色变黄；果穗小，浆果着色不良，成熟期延迟；根系发育不良，抗逆性减弱，易受冻害；枝蔓嫁接成活率显著降低，生根能力差。

3. 葡萄皱木复合病 葡萄皱木复合病在指示植物上表现4种症状类型，即沙地葡萄茎痘病（Rupestris stem pitting，RSP）、克勃茎沟病（Kober stem grooving，KSG）、LN33茎沟病（LN33 stem grooving，LNSG）和栓皮病（Corky bark，CB）。与其相关的病毒有葡萄病毒A、B、C、D（GVA、B、C、D）、沙地葡萄茎痘相关病毒（GRSPaV）和沙地葡萄茎痘相关病毒1（GRSPaV-1）等6种。现已明确GVA是克勃茎沟病的病原，GVB是葡萄栓皮病的病原，GRSPaV和GRSPaV-1是沙地葡萄茎痘病的病原；GVC和GVD与这些症状类型的关系尚未明确（董雅凤等，2002）。

感染葡萄皱木复合病的植株生长势减弱，植株矮小，春季萌芽延迟，某些染病品种种植几年后即衰退死亡；部分植株嫁接口上部肿大，形成"小脚"现象；有的嫁接口上部树皮增厚，木栓化，组织疏松粗糙；嫁接口附近的木质部和树皮形成层常可见凹陷的茎痘斑或茎沟槽。染病植株萌芽延迟，生长受到抑制，产量降低，嫁接成活率低。

4. 葡萄斑点病 目前，世界上许多葡萄产区都有关于该病的报道，斑点病在我国的发生也相当普遍。葡萄斑点病毒单独侵染葡萄，对多数品种的产量和质量没有明显影响，但当其与其他病毒复合侵染时，会使损失加重。

葡萄斑点病毒为非汁液传染的等轴多面体病毒粒子，内有一条较长的单链核糖核酸（ssRNA）。至今未发现其传毒介体。

5. 葡萄黄斑病 葡萄黄斑病分布广泛,中国及世界各大洲葡萄产区均有发生。该病由葡萄小黄点类病毒侵染所致,单独侵染时对葡萄影响不大,但与葡萄叶病毒等混合侵染时,会导致症状加重,葡萄小黄点类病毒除嫁接传染外,还可通过修剪工具传播。

(二)病毒病防治方法

1. 筛选和培育无病毒原种作为繁殖材料 对一些生产上适销对路的优新品种,进行田间观察,无病毒症状、丰产性好的个体植株,采用指示植物结合血清学检测确定无毒后,可作为无病毒原种保存;除自然筛选外,目前,主要采用热处理结合茎尖培养的方法对新优品种进行脱毒处理,由于此法不能将所有病毒完全脱除,因此仍需检测无毒后才能作为原种。另外,从国外直接引进无病毒原种也是获得无病毒繁殖材料的可取方法。

2. 繁育和栽培无病毒苗木 由于葡萄感染病毒后将终生带毒,无药可治。因此,栽培无病毒苗木,建立无病毒果园是防治葡萄病毒病的根本措施。繁育无病毒苗木和建无病毒葡萄园时,应选择3年以上未栽植葡萄的土地,以防止残留在土中的线虫传毒;园址须离其他葡萄园20米以上,以防止粉蚧等介体由普通园中传带病毒。

3. 加强管理,防止病毒传播 对于现有的葡萄园,如发现病株,应立即拔除;对感染扇叶病等线虫传多面体病毒的病株,拔除后须将根系周围的土壤用杀线虫剂进行消毒处理。如发现传染卷叶病和皱木复合病的粉蚧等媒介昆虫,应进行化学防治。

五、葡萄主要虫害的特征、识别与防治

(一)葡萄透翅蛾

1. 分布与为害 葡萄透翅蛾(*Paranthrene regalis* Butler)又叫透羽蛾,属鳞翅目透翅蛾科。全国大部分省、自治区均有分布。

主要以幼虫蛀食1年生枝蔓,幼虫蛀入枝蔓后,被害部位膨大如肿瘤,内部形成较长的孔道,在蛀孔的周围有堆积的褐色虫粪,树体受害后造成营养输送受阻,叶片枯黄脱落,果实脱落,枝条枯死。

2. 形态特征 成虫体长18~20毫米,翅展30~33毫米,形似黄蜂。体黑褐色。头顶、颈部、后胸两侧以及腹部各环节联络处为橙黄色;前翅红褐色,后翅半透明,腹部有3条黄色横带,以第四腹节的一条最宽。雄虫末端两侧各有1束黑毛,触角棒状。卵椭圆形,长约1.1毫米,略扁平,上面稍凹,表面有网纹,红褐色。幼虫末龄体长约38毫米。头部红褐色。口器黑色,胴部淡黄色,老熟时则带紫红色。全体疏生细毛。裸蛹,圆桶形,红褐色,体长18毫米左右(图9-11)。

3. 发生规律 每年发生1代,以老熟幼虫在葡萄枝蔓内越冬。翌年4月下旬化蛹,蛹期5~15天,6月上旬至7月上旬羽化为成虫,成虫将卵产在叶腋、芽的缝隙、叶片及嫩梢上,卵期7~10天。刚孵化的幼虫,由新梢叶柄基部蛀入嫩茎内,为害髓部。幼虫蛀入后,在蛀口附近常堆有大量虫粪,在茎内形成长的孔道,使被害部上方的枝条枯死,被害部膨大,表皮变为紫红色。一般幼虫可转移为害1~2次。7~8月间幼虫为害最重,9~10月间幼虫老熟越冬。

4. 综合防治 ①结合冬剪,将被害膨大枝蔓剪掉烧毁,

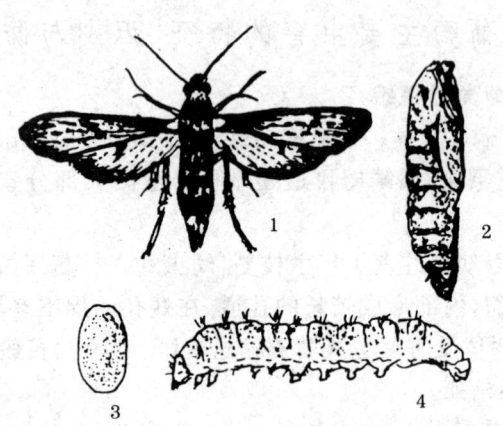

图 9-11 葡萄透翅蛾
1. 成虫 2. 蛹 3. 卵 4. 幼虫

消灭越冬虫源。②6～7月间经常检查嫩枝,发现被害枝要及时剪掉。③在粗枝上发现为害时,可从蛀孔灌入800～1 000倍液的80%敌敌畏乳油,或用蘸80%敌敌畏乳油100倍液的棉球将蛀孔堵死,熏杀幼虫。④幼虫孵化期,以25%灭幼脲3号2 000倍液或20%杀铃脲悬浮剂1 000倍液或50%杀螟硫磷乳油1 000倍液喷雾2～3次。

(二)葡萄虎蛾

1. 分布与为害 葡萄虎蛾(*Seudyra subflava* Moore)又叫葡萄修虎蛾、葡萄虎夜蛾、葡萄黏虫、葡萄狗子等。属鳞翅目虎蛾科,分布于全国各地。

幼虫主要为害葡萄叶片,将叶片啃食成缺刻或孔洞,严重时仅残留粗脉或叶柄,有时还咬断幼穗穗轴和果梗。

2. 形态特征 成虫体长18～22毫米,翅展44～47毫米,头胸及前翅紫褐色,触角丝状,复眼绿褐色,体翅上密生黑色鳞片,前翅中央有肾形纹和环形纹各1个。后翅橙黄色,外缘黑色,臀角有一橘黄色斑,中室有一黑点。腹部杏黄色,背面有一列紫棕色毛簇。老熟幼虫体长32～42毫米,头部黄色,上面有黑点。胸、腹背面淡绿色,每节有大小黑色斑点,疏生白色长毛。蛹红褐色,体长18～20毫米,尾端齐,左右有突起。卵圆形,直径约1毫米,乳白色(图9-12)。

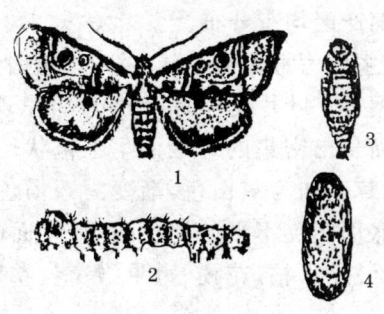

图9-12 葡萄虎蛾
1. 成虫 2. 幼虫 3. 蛹 4. 茧

3. 发生规律 辽宁省和华北地区每年发生2代,以蛹在葡萄根部附近土内越冬。翌年5月中旬开始羽化为成虫。6月中下旬幼虫发生,取食嫩叶。7月上中旬化蛹,7月下旬至8月中旬出现当年第一代成虫。8月中旬至9月中旬为第二代幼虫为害期,9月下旬以后幼虫老熟后入土化蛹越冬。幼虫具有白天静伏叶背的习性,受惊扰时常吐黄绿色黏液。成虫白天隐蔽在叶背或杂草丛内,夜间交尾产卵,有趋光性。

4. 综合防治 ①在北方埋土防寒地区,于秋末和早春结合葡萄埋土和出土上架,捡拾杀灭越冬蛹。②成虫发生期用诱虫灯诱杀,同时结合田间管理,进行人工捕杀幼虫。③幼虫发生量大时,可喷25%灭幼脲3号2 000倍液、20%杀铃脲悬浮剂1 000倍液、BT乳剂500倍液、2.5%敌杀死乳油2 000～3 000倍液、10%歼灭乳油4 000倍液或50%马拉硫磷乳油1 000倍液,均有较好的防治效果。

(三)葡萄缺节瘿螨

1. 分布与为害 葡萄缺节瘿螨[*Colomerus vitis* (Pagenstecher)]又称葡萄锈壁虱、葡萄毛毡病。属蛛形纲蜱螨目瘿螨科。我国葡萄产区均有分布。

成螨、若螨主要为害葡萄叶部,发生严重时,也为害嫩梢、幼果、卷须、花梗等。叶片受害时,初期叶背呈现苍白色斑,叶组织因受刺激而长出密集的茸毛而呈毛毡状斑块,斑常受较大叶脉所限制,茸毛初为灰白色,渐变为茶褐色以至黑褐色;在叶面出现肿胀而凹突不平的褪色斑,嫩叶面的虫斑多呈淡红色,严重时叶皱缩干枯;花梗、嫩果、嫩茎、卷须受害后生长停滞。

2. 形态特征 成螨体长0.15～0.2毫米,宽0.05毫米,雄螨比雌螨略小。淡黄白色或淡灰色,近长圆锥形,腹末渐细。喙向下弯曲,头胸背板呈三角形,有不规则的纵条纹,背瘤紧位于背板后缘,背毛伸向前方或斜向中央。具2对足,爪呈羽状,具5个侧枝。腹部具74～76个暗色环纹,体腹面的侧毛和3对腹毛分别位于第九、第二十六、第四十三环纹和倒数第五环纹处,尾端无刚毛,有1对长尾毛。生殖器位于后半体的前端,其生殖盖有许多纵肋,排成二横排。卵球形,直径约0.03毫米,淡黄色。若螨共2龄,淡黄白色。

3. 发生规律 1年发生3代,以成螨在芽鳞茸毛内、枝蔓粗皮裂缝等处潜伏越冬,以枝条上部芽鳞内越冬虫口最多,可达数十头至数百头。春季葡萄发芽后越冬虫出蛰为害,迁移到嫩叶的背面皮毛间隙中吸取养分,展叶后又迁移到新的嫩叶上为害。5～6月为害最盛,7～8月高温多雨不利于发育,虫口有下降趋势。成螨、若螨均在茸毛内取食活动,将卵产于茸毛间,秋季以枝梢先端嫩叶受害最重,秋末渐次爬向成熟枝条芽内越冬。干旱年份发生较重。

4. 综合防治　①防止苗木传播。从病区引苗必须用温汤消毒,先用30℃～40℃热水浸5～7分钟,再用50℃热水浸5～7分钟,以杀死潜伏瘿螨。②冬季清园,将修剪下的枝条、落叶、翘皮等清理出园外烧掉。③在春季大部分芽已萌动,芽长在1厘米以下时进行,药剂防治可喷0.3～0.5波美度石硫合剂、45%晶体石硫合剂300倍液、15%哒螨灵乳油3 000倍液、5%霸螨灵乳油1 500倍液、10%天王星乳油4 000倍液、5%尼索朗乳油2 000倍液或48%毒死蜱乳油1 500倍液。

(四)葡萄二黄斑叶蝉及斑叶蝉

1. 分布与为害　葡萄斑叶蝉[*Erythroneura apicalis* (Nawa)]及葡萄二黄斑叶蝉(*Erythroneura* sp.)属同翅目叶蝉科。分布于全国各地。以成虫、若虫聚集在叶背面吸食汁液,被害处形成针头大小的白色斑点,有时白点连成片,整个叶片失绿苍白,然后枯萎脱落,影响光合作用、花芽分化和枝条成熟。

2. 形态特征　葡萄斑叶蝉又称浮尘子。成虫体长2.9～3.7毫米,淡黄白色,头顶上有2个明显的圆形小黑斑,前胸背板前缘有几个淡褐色小斑点,中央具有暗褐色纵纹。小盾板前缘左右各有1条大的三角形黑纹。翅透明,黄白色,有淡褐色条纹。若虫黄白色,末龄体长2.5毫米。卵黄白色,如肾状,长0.6毫米(图9-13)。

葡萄二黄斑叶蝉又称二星叶蝉、二点浮尘子、小叶蝉。成虫体长3～3.5毫米,头部淡黄白色,复眼黑色,头顶前缘有2

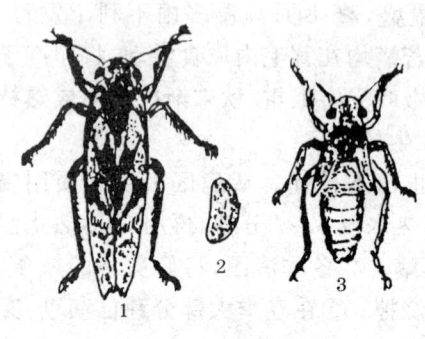

图 9-13 葡萄斑叶蝉
1. 成虫 2. 卵 3. 若虫

个黑色的小圆点,前胸背前缘有 3 个黑褐色小圆点。前翅表面大部为暗褐色,后缘各有近半圆形的淡黄色区两处,两翅合拢后形成两个近圆形的淡黄色斑纹。若虫末龄体长约 1.6 毫米,紫红色,触角、足、体节间、背中线均为淡黄白色。体略短宽,腹末数节向上方翘举。

3. 发生规律 葡萄斑叶蝉在山东、河南、陕西、浙江等地每年发生 3 代,辽宁、河北西部每年发生 2 代。以成虫在葡萄园附近的落叶、杂草、石缝中越冬。翌年春天,越冬成虫先在桃、梨、樱桃、山楂树上为害。葡萄展叶后迁移到葡萄上为害,成虫产卵于叶背面叶脉组织内或茸毛中。5 月下旬出现若虫,6 月上中旬发生第一代成虫。8 月中旬和 9～10 月间分别为第二代和第三代成虫盛发期,在葡萄整个生长季节均可为害,一直为害至葡萄初落叶时,才寻找合适场所越冬。

葡萄二黄斑叶蝉,在山东每年发生 3～4 代,以成虫在杂草、枯叶等隐蔽处越冬。翌年 3 月越冬成虫出蛰,先在园边发芽早的杂草及多种花卉上为害。4 月下旬葡萄展叶后迁移到叶背为害。成虫将卵产在叶背叶脉的表皮下,5 月中旬即有若虫出现,以后各代重叠。为害特点是,先从新梢基部的老叶开始,逐渐向上蔓延为害,不爱为害嫩叶。末代成虫 9～10 月发生,一直为害到葡萄落叶,才进入越冬场所隐蔽越冬。枝蔓过密、通风不良时,该虫发生严重。

4. 综合防治 ①秋后、春初彻底清扫园内落叶和杂草,集中烧毁,减少越冬虫源。②加强田间管理,使架面通风透光良好。③5月下旬至6月中旬是若虫发生期,喷施25%阿克泰水分散粒剂5 000~10 000倍液、50%杀螟松乳油1 000倍液或2.5%吡虫啉可湿性粉剂1 000~2 000倍液、20%康福多浓可溶剂6 000~8 000倍液、50%马拉硫磷乳油1 500~2 000倍液。根据发生情况,确定喷药防治时间和次数。

(五)葡萄根结线虫

1. 分布与为害 根结线虫(*Meloidogne spp*)在全国各地葡萄产区均有发生。是国内外检疫对象。

根结线虫侵染葡萄植株根系后,地上部的茎叶均不表现具诊断特征的症状,但葡萄植株生长衰弱,表现矮小、黄化、萎蔫、果实小等。根结线虫在土壤中呈现斑块型分布;在有线虫存在的地块,植株生长弱,在没有线虫或线虫数量极少的地块,葡萄植株生长旺盛。因此,葡萄植株的生长势在田间也表现出块状分布,容易与缺素症、病毒病混淆。根结线虫为害葡萄植株后,引起吸收根和次生根膨大和形成根结。单条线虫可以引起很小的瘤,多条线虫的侵染可以使根结变大。严重侵染可使所有吸收根死亡,影响葡萄根系吸收。线虫还能侵染地下主根的组织。砂壤土发病较重,重茬或前茬花生、番茄、黄瓜易诱发此虫。

2. 生活习性 为害葡萄的根结线虫有南方根结线虫、泰晤士根结线虫、爪哇根结线虫和北方根结线虫4种。在我国发生的主要是第一种线虫。这4种线虫生活史基本相同,1龄幼虫在卵里发育并蜕皮1次,形成2龄幼虫,出壳后开始从根尖侵入皮层内,当其头部与维管组织接触后便停止不动而吸取汁液,被取食的细胞受刺激后,不断分裂形成巨型细胞,其周围的细胞则不断提供养分,供线虫生长发育(图 9-14)。线虫在根内经 3 次蜕皮,最后发育成梨形的白色雌成虫。孤雌生殖,产卵于体后的胶质卵袋中。雄虫呈线形,也经 4 次蜕皮。根结线虫主要以基质中的卵发育的幼虫进行越冬。每年可发生 5~10 代。

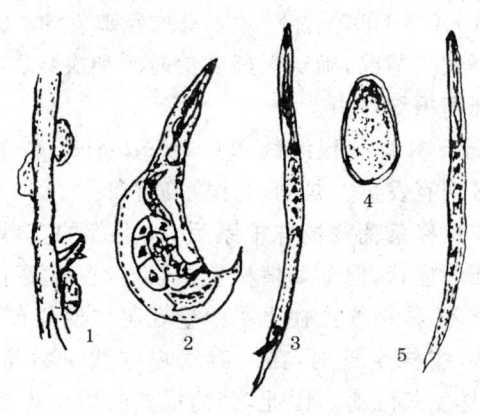

图 9-14 葡萄半穿刺线虫
1. 根被害状 2. 雌虫 3. 雄虫 4. 卵 5.2 龄幼虫

3. 综合防治 ①严格检疫。种植时应采用经过检疫的无线虫的带根苗木。②选用抗性砧木。目前,在欧洲应用的砧木有 SO_4、5BB、420A、5C、99R,美国应用的砧木有道格、自由和谐、1616C 和 SaltGreek,抗线虫效果均较好。③加强耕作,增施有机肥,地膜覆盖,翻晒土壤等可以减少线虫数量。④再植处理。对线虫为害严重的葡萄园,应考虑重新栽植,并彻底清除残根。休园 3 年后,采用抗线虫砧木及无根结线虫苗木建园。⑤禁止使用杀线虫的高毒制剂,这种高毒制剂对土壤污染严重。35%维巴亩和 48%维巴亩(威百亩、保丰收)

水剂、90%～100%棉隆(必速灭、二甲硫嗪)微粒剂及50%棉隆、75%棉隆、80%棉隆可湿性粉剂均为低毒。施用时应根据实际情况,按药剂说明书要求使用。

(六)葡萄根瘤蚜

1. 分布与为害 葡萄根瘤蚜[*Peylloxera vitifolii* (Fitch)]属同翅目根瘤蚜科。分布于辽宁、内蒙古、山西、河北、北京、天津、山东、陕西等省、市、自治区。是国内外检疫对象。

葡萄根瘤蚜分叶瘿型和根瘤型。在欧洲种葡萄上只有根瘤型。美洲种葡萄上两种型都能发生。根瘤型是在根的表面刺吸汁液进行为害。被害的粗根表面常形成根瘤,细根形成结节状根瘤,引起根部腐烂。叶瘿型是在寄主叶片表面定居为害,受害处向叶背面凹陷,在叶背形成虫瘿将虫包在瘿内,严重者叶片畸形萎缩,生育不良甚至枯死。

2. 形态特征 根瘤型蚜成虫体长1.2～1.5毫米,长卵形,复眼红色,由3个小眼组成,触角3节。鲜黄色至黄褐色,有时稍带绿色,腹面较平,体背有许多瘤状突起,各突起上有1～2条刚毛。若蚜从卵孵出为淡黄色,触角及足半透明,以后体略深色,足变黄色。卵长椭圆形,长径为0.3毫米,宽0.15毫米,黄色,略有光泽,后期变绿色。叶瘿型蚜成虫体近圆形。体长0.9～1毫米,黄色,体背高度隆起。各体节背面无小瘤,表面可见微细颗粒状突起,触角3节,末节有5根刺毛,无翅。卵长椭圆形,似根瘤,较明亮(图9-15)。

3. 发生规律 该虫1年中主要行孤雌生殖,只在秋末进行1次两性生殖,产受精卵越冬。生活史较复杂,概括起来有两种类型:一是完整生活史型。受精卵在2～3年生枝上越冬→干母→叶瘿型→根瘤型→有翅产性型→有性型(雌×雄)→受精卵越冬。主要发生在美洲种的葡萄上。二是不完善生活

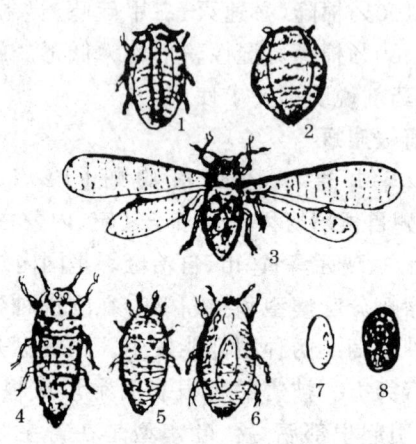

图 9-15　葡萄根瘤蚜

1. 叶瘿成虫　2. 根瘤型成虫　3. 有翅型雄虫
4. 有翅型雌虫　5. 有性型雄虫
6. 有性型雌虫　7. 有性卵　8. 无性卵

史型。在欧洲种葡萄上只有根瘤型,我国的根瘤蚜亦属于根瘤型。烟台1年发生8代,主要以1龄若虫在根皮缝内越冬。4月下旬至10月中旬可繁殖8代,以第八代的1龄若虫越冬,少数以卵越冬。全年5月中旬至6月下旬和9月虫口密度最高。6月开始出现有翅型若蚜,8~9月最多,羽化后大部仍在根上,少数爬到枝叶上,但尚未发现产卵。远程传播主要靠苗木的调运。有团粒结构的疏松土壤发生重,黏土或沙土发生轻。

4. 综合防治　①培育抗蚜品种并加强检疫,不从有虫地区引进苗木。②因沙地栽培发生较轻,可施行沙地育苗,生产无根瘤蚜苗木。③对被根瘤蚜为害的植株,也可用50%辛硫磷乳油2 000倍液或48%乐斯本乳油1 500倍液于5月上中旬灌根,每株灌10~15千克。

六、主要常用推广农药

(一)杀菌剂

1. 石硫合剂

(1)性能与特点　石硫合剂是以生石灰和硫黄为原料加水熬制而成,是一种古老的杀菌、杀虫、杀螨剂。其主要成分是多硫化钙,喷施后分解产生硫黄细粒起杀虫治病作用。硫黄由固体挥发成气体,气温越高,挥发越快,产生的硫黄气体越浓。因此,在高温下使用时应降低施药浓度和施药次数。

(2)剂型　20%膏剂、30%固体、45%固体、45%晶体。

(3)防治对象及使用、熬制方法　本剂在葡萄生长期易发生药害,只能在冬季休眠和早春使用,葡萄发芽前喷洒1次3~5波美度石硫合剂,可铲除黑痘病、白粉病等越冬菌源。在葡萄大部分芽萌动期喷施1~1.5波美度石硫合剂,可防治葡萄毛毡病。

熬制原液的方法如下:生石灰1~1.5份,硫黄2份,水16份。先把水用大锅烧开,用另外的容器把硫黄用水调成浓糊状,倒入开水锅中搅拌。再把生石灰块倒入锅中,并不断搅拌,急火熬45~60分钟,当药液呈深红褐色即成,一般可达25~30波美度。如药液呈绿褐色,则熬制时间过长,药效降低。如时间不足,原料难以化合,药效也小。将药液从锅中取出,放在缸内澄清3天后吸出上清液,装入另一缸内密封备用。

调制时应注意以下五点:①生石灰要用新的、白色烧透的石灰块。②硫黄最好碾成细粉过筛。③要用洁净的生活用水配制。④熬制时要用急火,不断搅拌,随时用开水补充蒸发掉的水量。⑤不要用铜器熬制和贮存药液。

(4)注意事项　石硫合剂为碱性农药,不可与忌碱农药混用。同时也不能和波尔多液混用,否则药效降低,还产生药害;二者也不能连用,施波尔多液后要间隔 30 天以上才能施用石硫合剂,施石硫合剂后要间隔 15 天后才能施用波尔多液。贮存原液必须密闭,不可日晒,最好在液面上倒一薄层煤油,稀释液不能久存。夏季高温(32℃以上)时使用易发生药害,低温(4℃以下)时使用药效降低。喷雾器用后必须洗净,以免腐蚀损坏。

2. 波尔多液

(1)性能与特点　波尔多液是由硫酸铜、生石灰和水配制而成的天蓝色胶状悬浮液。其有效成分为碱式硫酸铜,药液呈碱性,效果稳定,粘着性好。波尔多液是保护性杀菌剂,对大多数真菌病害有较好的防治作用。喷洒后能附在植物体表面,形成一层保护药膜。有效成分碱式硫酸铜能逐渐释放出铜离子杀菌,起到防治病害的作用,并能有效地抑制孢子发芽,防止病菌侵染。

(2)防治对象及使用方法　用波尔多液防治葡萄黑痘病时,在葡萄展叶后至果粒着色前喷药,用石灰半量式 200 倍液(1∶0.5∶200)进行喷布,半个月左右喷 1 次;防治葡萄炭疽病,在初花、盛花和果实生长期各喷 1 次石灰半量式 200 倍液;防治葡萄褐斑病,发病初期喷药,10～15 天 1 次,连续喷 2～3 次。

(3)注意事项　波尔多液是保护剂,应在发病前使用。要选择晴天露水干了以后喷药,在阴雨连绵或湿度过大露水未干时喷药,易发生药害。波尔多液呈碱性,不能与忌碱农药以及石硫合剂、有机硫制剂、松脂合剂、矿物油混用。在葡萄上使用后,果实要间隔 20 天以上才能采收。

3. 必备(80%波尔多液可湿性粉剂)

(1)性能与特点 必备的作用原理同自配的波尔多液,但它具有更加优异的杀菌效力、持效期、对葡萄的安全性和营养性,药效稳定,不污染果面,可以和多种农药混用。

(2)防治对象及使用方法 对多种葡萄病害有效,如酸腐病、黑痘病、炭疽病、霜霉病和细菌性病害。发病前或发病初期喷药,使用倍数为300~400倍液。

(3)注意事项 必备是保护剂,应在发病前使用。

4. 甲基硫菌灵(甲基托布津)

(1)性能与特点 甲基硫菌灵是一种广谱性内吸苯并咪唑类杀菌剂,能防治多种作物病害,具有内吸、预防和治疗作用。它在植物体内转化为多菌灵,干扰病菌有丝分裂中纺锤体的形成,影响细胞分裂,从而起到保护、杀菌作用。

(2)剂型 50%可湿性粉剂、70%可湿性粉剂、50%悬浮剂。

(3)防治对象及使用方法 防治葡萄白粉病、白腐病、黑痘病、炭疽病、灰霉病等多种病害,用70%可湿性粉剂800~1000倍液喷雾。

(4)注意事项 该药长期单一使用易使病菌产生抗药性,应注意与其他杀菌剂交替使用。并且不能与碱性药剂及铜制剂混用。葡萄收获前14天内禁止使用。

5. 百菌清

(1)性能与特点 百菌清为非内吸性广谱杀菌剂,对多种真菌病害具有预防作用。百菌清的主要作用是防止作物受到真菌的侵染,如植物已受到病菌侵染,病菌进入植物体内后,其杀菌作用很小。百菌清没有内吸传导作用,不会从喷药部位及作物的根系被吸收。百菌清在植物表面具有良好的粘着性,耐雨水冲刷,具有较长的药效。

(2)剂型　75%可湿性粉剂、2.5%烟剂、10%烟剂。

(3)防治对象及使用方法　防治葡萄白腐病、黑痘病、炭疽病、白粉病等多种病害,用75%可湿性粉剂500~800倍液喷雾。

(4)注意事项　百菌清对鱼类有毒,施药时应远离池塘、湖泊和溪流。果实采收前20天内停止用药。

6. 代森锰锌

(1)性能与特点　代森锰锌为有机硫类保护性杀菌剂,具有高效、低毒、不易产生抗药性等特点。同时,由于它含锌、锰离子兼具肥效,对果树缺锰、缺锌症有治疗作用。

(2)剂型　80%可湿性粉剂、70%可湿性粉剂、30%悬浮剂、42%悬浮剂、43%悬浮剂、75%干悬浮剂。

(3)防治对象及使用方法　防治葡萄霜霉病、黑痘病、炭疽病、白粉病、白腐病、褐斑病等,于发病初期喷70%代森锰锌600~800倍液,间隔时间为7~10天。

(4)注意事项　该药为保护性杀菌剂,需在发病前使用。果实采收前15天停止用药。

7. 科博(波尔多粉+代森锰锌)

(1)性能与特点　科博为低毒、广谱杀菌剂。施药后药液粘附在作物表面,形成一层保护膜,耐雨水冲刷,药效高且持久稳定,但不污染农产品,且不易产生抗药性,可防治真菌病害和细菌病害。该药含有多种营养元素,对作物有促进生长的作用。

(2)剂型　78%可湿性粉剂。

(3)防治对象及使用方法　可有效控制葡萄霜霉病、黑痘病、炭疽病、白粉病、白腐病等。用78%科博可湿性粉剂

500~600倍液,在发病前或发病初期施药,间隔7~10天喷1次,共喷4~5次。

(4)注意事项　科博属保护性杀菌剂,应在发病前或发病初期使用,喷药要均匀周到,将整个植株喷匀。

8. 乙磷铝

(1)性能与特点　乙磷铝为低毒、高效、广谱性有机磷内吸杀菌剂,具有双向传导能力,在植物体内流动性很大,内吸治疗效果明显,具有良好的保护作用和治疗作用。

(2)剂型　40%可湿性粉剂、80%可湿性粉剂、90%可湿性粉剂。

(3)防治对象及使用方法　防治葡萄霜霉病和疫霉病,用40%可湿性粉剂200~300倍液,或80%可湿性粉剂400~500倍液,或90%可湿性粉剂600~800倍液喷雾。

(4)注意事项　该药应在发病前或发病初期使用,不得与强酸、强碱性药物混用。

9. 多菌灵

(1)性能与特点　该药低毒,具有高效、广谱、内吸、持效期长等特点。对子囊菌、担子菌和半知菌亚门的许多植物病原真菌有效。

(2)剂型　50%多菌灵可湿性粉剂、40%多菌灵胶悬剂。

(3)防治对象及使用方法　防治葡萄黑痘病、炭疽病、白腐病等多种病害,可用50%多菌灵可湿性粉剂600~800倍液喷雾。

(4)注意事项　应避免长期单一使用该药剂,以延缓病菌产生抗药性。但不可与苯菌灵、甲基硫菌灵等作用性质相似的药剂交替使用。

10. 甲霜灵

(1)性能与特点 该药剂为具有保护、治疗作用的内吸性杀菌剂,可被作物的根、茎、叶吸收,并随植物体内水分运转而转移到植物的各器官,残效期长,对植物安全,对人、畜低毒。对霜霉菌、疫霉菌、腐霉菌所引起的病害有效。

(2)剂型 25%甲霜灵可湿性粉剂、30%甲霜灵拌种剂。

(3)防治对象及使用方法 该药对葡萄霜霉病有特效,使用浓度为500~600倍液。

(4)注意事项 由于甲霜灵连续使用,病原菌易产生抗药性,因此用药次数每季不超过3次,间隔期为10~14天。霜霉病发病较重,在施用其他药剂不能奏效的情况下,用甲霜灵补救,可收到良好的效果。

11. 氟硅唑(福星、新星)

(1)性能与特点 该药剂属三唑类杀菌剂,主要作用是破坏和阻止病菌的细胞膜重要组成成分麦角甾醇的生物合成,导致细胞膜不能形成,使病菌死亡。对防治葡萄黑痘病效果显著。

(2)剂型 40%乳油。

(3)防治对象及使用方法 在葡萄黑痘病发生初期开始喷药,每隔7~10天喷1次,连续喷4~6次。使用该药稀释倍数为8 000~10 000倍液。

(4)注意事项 该药剂应与其他药剂轮换使用。果实采收前21天停止用药。

12. 三唑酮(粉锈宁)

(1)性能与特点 该药剂为高效、低毒、低残留、持效期长、内吸性强的三唑类杀菌剂。无致畸、致突变和致癌作用。

(2)剂型 25%三唑酮可湿性粉剂、20%三唑酮乳油、

15%三唑酮烟雾剂。

(3)防治对象及使用方法　粉锈宁对白粉病有特效,使用浓度为1 500~2 000倍液,用药间隔期为15~20天。

(4)注意事项　避免单一连续使用该药剂或任意提高使用浓度,以免产生抗药性。果实收获前15~20天停止用药。

13. 福美双

(1)性能与特点　该药剂为保护性杀菌剂,抗菌谱广。残效期较短,为1周左右。

(2)剂型　50%可湿性粉剂。

(3)防治对象及使用方法　该药剂对葡萄白腐病具有较好药效,使用浓度为500~800倍液。同时对葡萄炭疽病、房枯病亦有一定作用,对霜霉病、白粉病、黑痘病效果较差。

(4)注意事项　福美双对人员黏膜和皮肤有刺激作用,喷药时应注意自我保护。在作物上有时有药害发生。

14. 多氧霉素

(1)性能与特点　抗生素类药剂,我国生产的主要成分是多氧霉素A和多氧霉素B。低毒,杀菌谱广,内吸性强。

(2)剂型　1.5%可湿性粉剂、2%可湿性粉剂、3%可湿性粉剂、10%可湿性粉剂。

(3)防治对象及使用方法　防治葡萄灰霉病,可在病害发生初期和盛期,用10%多氧霉素可湿性粉剂1 000~1 500倍液喷雾。

(4)注意事项　本药不能与酸性或碱性药剂混合使用,全年用药不要超过2次。

15. 腐霉利(速克灵)

(1)性能与特点　该药剂保护效果好,持效期长,可以从叶、根部吸收,耐雨性好,能阻止病斑扩展。没有直接喷洒到药剂部分的病害也能被控制,对已经侵入植物体内深部的病菌也有效。速克灵与多菌灵类药剂的作用机制不同,在使用多菌灵类药剂效果不好的情况下,使用速克灵可望获得高防效。

(2)剂型　50%可湿性粉剂。

(3)防治对象及使用方法　在葡萄灰霉病发病初期,用50%腐霉利可湿性粉剂1 500~3 000倍液喷雾,喷施1~2次,间隔7~15天。

(4)注意事项　由于长时间单一作用,该药容易产生抗药性,因此最好与其他杀菌剂轮换使用。该药剂应在发病前,最晚也应在发病初期使用。

16. 嘧霉胺(施佳乐)

(1)性能与特点　该药剂属苯胺基嘧啶类杀菌剂,作用机制独特,对常用的非苯胺基嘧啶类杀菌剂已产生抗药性的灰霉病有特效,具有内吸传导和熏蒸作用,施药后可迅速达到植株的花、幼果等喷雾无法达到的部位杀死病菌,药效快,效果稳定。本药剂对温度不敏感,在相对较低的温度下使用,其保护及治疗效果同样好。

(2)剂型　40%可湿性粉剂、20%悬浮剂、40%悬浮剂。

(3)防治对象及使用方法　防治葡萄灰霉病时,在发病前或发病初期喷药,每隔7~10天用药1次,共施药2~3次。每667平方米用40%嘧霉胺可湿性粉剂62.5~94克。

(4)注意事项　在不通风的温室或大棚中,如果用药剂量过高,可能导致部分作物叶片出现褐色斑点。因此,应按照农药标签使用,施药后要通风。

17. 易保(代森锰锌+噁唑菌酮)

(1)性能与特点　易保是由代森锰锌和噁唑菌酮复配而

成的保护性杀菌剂。由于其成分具有亲脂性,喷施作物叶片后,有易粘而不易被雨水冲刷之特性,适用于雨季期间作物病害的保护。

(2)剂型　68.75%水分散粒剂。

(3)防治对象及使用方法　防治葡萄霜霉病等,在霜霉病病斑出现以前,用800～1 200倍液喷施,共喷3～4次,用药间隔期7～10天。

(4)注意事项　易保为保护性杀菌剂,在病害未侵染前做叶面喷施,才能发挥最大的药效。

18. 霜脲·锰锌

(1)性能与特点　该药由霜脲氰和代森锰锌混配而成,霜脲氰具有内吸作用,对霜霉病和疫病有效。主要是阻止病原菌孢子萌发,对侵入寄主内的病菌也有杀伤作用。单独使用霜脲氰药效短,将其与保护性杀菌剂代森锰锌混配,可以延长持效期。

(2)剂型　72%可湿性粉剂。

(3)防治对象及使用方法　在葡萄霜霉病初现或盛发期,用72%霜脲·锰锌可湿性粉剂600倍液喷雾,效果较好,尤其适宜于霜霉菌产生抗药性时使用。

(4)注意事项　避免单一连续使用或任意提高使用浓度,以免产生抗药性。

(二)杀虫剂农药

1. 敌 百 虫

(1)性能与特点　低毒、广谱有机磷杀虫剂,具有胃毒和触杀作用。可有效防治双翅目、鳞翅目和鞘翅目害虫,对螨类和某些蚜虫防效较差。对植物有渗透作用,但无内吸传导作用。

(2)剂型 80%、90%晶体;50%、70%、80%、95%可溶性粉剂;50%、60%乳油。

(3)防治对象及使用方法 可防治多种食叶害虫,在害虫发生期,用90%敌百虫晶体800~1000倍液喷雾。

(4)注意事项 敌百虫在葡萄生长季只可施用1次,安全间隔期为28天。

2. 辛硫磷

(1)性能与特点 该药剂为高效、低毒、广谱有机磷杀虫剂。以触杀和胃毒为主,无内吸作用,但有一定的杀卵作用。在碱性介质和高温下易分解,光解速度快。叶面喷雾持效期2~3天,施入土中可达1~2个月。

(2)剂型 50%辛硫磷乳油、25%辛硫磷微胶囊水悬剂。

(3)防治对象及使用方法 主要用于防治金龟子的幼虫(蛴螬)。在金龟子幼虫发生期,用50%辛硫磷乳油500倍液或25%辛硫磷微胶囊水悬剂200~300倍液,在树下地面喷雾。或每667平方米用50%辛硫磷乳剂500毫升拌细土50千克施于地面上,再耙入土中,效果更好。

(4)注意事项 辛硫磷在有光照条件下易分解,田间喷雾宜在傍晚或夜间进行。该药剂宜在暗处贮藏。

3. 顺式氯氰菊酯

(1)性能与特点 该药剂为拟除虫菊酯类杀虫剂。它由氯氰菊酯的高效异构体组成,其杀虫活性更高。具有触杀和胃毒作用,兼有一定的杀卵作用。

(2)剂型 10%顺式氯氰菊酯乳油、5%顺式氯氰菊酯乳油。

(3)防治对象及使用方法 在葡萄虎蛾和葡萄天蛾发生期,用10%顺式氯氰菊酯乳油4000倍液喷雾,根据情况15~

20 天再喷 1 次。可兼治其他鳞翅目害虫。

(4)注意事项　该药剂不可与碱性农药混用,注意与非菊酯类农药交替使用。每年最多使用 2 次,安全间隔期为 21 天。

4. 吡虫啉

(1)性能与特点　该药剂为高效内吸性广谱型杀虫剂,具有胃毒和触杀作用,持效期较长,对刺吸式口器的害虫有较好的防治效果,速效性好。它与传统的杀虫剂无交互抗性,且害虫不易产生抗性。

(2)剂型　20%吡虫啉可溶剂、5%吡虫啉乳油、2.5%吡虫啉和 10%吡虫啉可湿性粉剂。

(3)防治对象及使用方法　防治葡萄蓟马、蟓象、叶蝉、白粉虱等害虫,可用 20%吡虫啉乳油 6 000～8 000 倍液喷雾,或 2.5%吡虫啉可湿性粉剂 1 000～2 000 倍液或 10%吡虫啉可湿性粉剂 4 000～6 000 倍液喷雾。

(4)注意事项　果品采收前 15 天停用。虽为低毒杀虫剂,施药时仍应注意安全保护。

5. 阿维菌素

(1)性能与特点　阿维菌素是由链霉菌产生的新型大环内酯类杀虫抗生素,具有高效和广谱的杀虫、杀螨、杀线虫活性,具触杀和胃毒作用,而无内吸性。可通过叶片传导而奏效。可用于防治葡萄短须螨、葡萄瘿蚊等。

(2)剂型　1.8%阿维菌素乳油、1%阿维菌素乳油、0.9%阿维菌素乳油、0.6%阿维菌素乳油、0.2%阿维菌素乳油。

(3)防治对象及使用方法　防治葡萄短须螨,用 1.8%阿维菌素乳油 4 000～5 000 倍液;防治葡萄瘿蚊,用 1.8%阿维菌素乳油 5 000～6 000 倍液。

(4)注意事项　该药无内吸性,施药时注意喷洒均匀。最后一次施药距果实收获的时间为 20 天。

6. 哒螨灵

(1)性能与特点　该药剂触杀性强,无内吸、传导和熏蒸作用,对叶螨的各个生育期均有良好的防治效果,对梨瘿螨的效果也较好。速效性好,持效期可达 1～2 个月。对哺乳动物有中毒作用,对鱼、虾和蜜蜂毒性较高。

(2)剂型　20%哒螨灵可湿性粉剂、15%哒螨灵乳油。

(3)防治对象及使用方法　防治葡萄瘿螨,在葡萄发芽后,用 15%哒螨灵乳油 3 000～4 000 倍液喷施,持效期达 30 天以上,可收到较好的防治效果。用该药剂的同样浓度,还可防治葡萄短须螨。

(4)注意事项　哒螨灵每季最多使用次数为 2 次,最后一次施药距果实收获时间为 21 天。

以下将葡萄病虫害防治中农药安全使用标准列于表 9-1,供读者参考。

表 9-1 葡萄农药安全使用标准表

商品名或通用名称	剂 型	防治对象	每 667 平方米用制剂量或使用倍数	生长期最多使用次数	安全间隔期（天）	最大残留量（毫克/千克）
百菌清	75%可湿性粉剂	黑痘病、白粉病等	600～700 倍	4	21	gb≤1 fb≤0.5
甲霜灵	25%可湿性粉剂	霜霉病	500～700 倍	3	21	gb≤1
必 备	80%可湿性粉剂	霜霉病、炭疽病、黑痘病、酸腐病等	400 倍	5	7	gb≤10
波尔多液	配 制	霜霉病、炭疽病、黑痘病等	200～240 倍	3	10	gb≤10
石硫合剂	熬制或配制	黑痘病、白粉病、毛毡病、锈病、介壳虫等		2	15	
松脂酸铜	12%乳油	霜霉病、黑痘病等	210～250 克	5	7	gb≤1
农抗 120	2%、4%水剂	白粉病、锈病	2%制剂 200 倍	2	7	
多氧霉素	10%可湿性粉剂	灰霉病等	10% WP: 100～150 克	2	7	
科 博	78%可湿性粉剂	霜霉病、炭疽病、黑痘病、白腐病、灰霉病、房枯病等	110～135 倍	3	10	

续表 9-1

商品名或通用名称	剂型	防治对象	每667平方米用制剂量或使用倍数	生长期最多使用次数	安全间隔期（天）	最大残留量（毫克/千克）
代森锰锌（喷克、山德生、大生等）	80%可湿性粉剂、42%悬浮剂	霜霉病、炭疽病、黑痘病	80%WP：100～190克 42%SC：190～350克	3	10	gb≤5
福美双	50%可湿性粉剂	白腐病、炭疽病等	500～1000倍	2	30	gb≤0.2
退菌特	50%可湿性粉剂	黑痘病、炭疽病等	500～1000倍	1	30	gb≤0.2
甲基硫菌灵	70%可湿性粉剂	炭疽病、黑痘病、白腐病、灰霉病等	1000倍	2	30	fb≤10
多菌灵	50%可湿性粉剂	炭疽病、黑痘病、白腐病、灰霉病等	600～800倍	2	30	gb≤0.5
速克灵（腐霉利）	20%悬浮剂 50%可湿性粉剂	灰霉病	25～50克	2	14	fb≤10
扑海因（异菌脲）	50%可湿性粉剂	灰霉病等	100克	1	7	fb≤10

续表 9-1

商品名称或通用名称	剂型	防治对象	每 667 平方米用制剂量或使用倍数	生长期最多使用次数	安全间隔期（天）	最大残留量（毫克/千克）
安 克	69%水分散粒剂 69%可湿性粉剂	霜霉病	135~165 克	1	7	
多菌灵+井冈霉素	28%悬浮剂	白腐病等	1000~1250 倍	1	30	
三乙磷酸铝（疫霜灵）	80%可湿性粉剂	霜霉病等	100 克	2	15	
三唑酮（粉锈宁）	20%、25%可湿性粉剂	白粉病、锈病、白腐病等	30%EC: 5000~10000 倍	1	20	gb≤0.2
农利灵（乙烯菌核利）	10%可湿性粉剂	灰霉病	50%WP: 75~100 克	2	7	fb≤0.5
歼 灭	10%乳油	多种虫害		2	21	gb≤0.1
敌百虫	80%可溶性粉剂	多种虫害		1	28	gb≤0.1
辛硫磷	50%乳油	多种虫害		1	15	gb≤0.05
氯氰菊酯	10%乳油	多种虫害		2	21	gb≤0.1

续表 9-1

商品名或通用名称	剂型	防治对象	每 667 平方米用制剂量或使用倍数	生长期最多使用次数	安全间隔期（天）	最大残留量（毫克/千克）
杀螟硫磷	50%乳油	多种虫害		1	30	gb≤0.5 fb≤0.5
四螨嗪	50%悬浮剂	螨虫：锈壁虱、短须螨等	20%SC：1600～2000 倍	1	30	gb≤1
草甘膦	41%水剂	杂草	150～400 克	2	15	gb≤0.1
赤霉素	40%水溶性片剂	果实膨大、无核处理	2000～8000 倍	2	45	
萘乙酸	20%粉剂	插条处理、促进生根、提高成活	1000～20000 倍	1		

注：1. 摘引自王忠跃、晁无疾《第三次全国南方葡萄会议资料《葡萄无公害食品生产中的病虫害防治》，2002 年，浙江海盐

2. gb 表示国家标准，fb 表示 FAO 标准

3. WP 指可湿性粉剂，EC 指乳油，SC 指悬浮剂

第十章 葡萄设施栽培技术

一、葡萄设施栽培的意义

葡萄设施栽培是在设施内控制光照、温度、水分、气体等条件下进行葡萄生产,人为地提早或延迟葡萄的成熟期以及利用设施抵御某些自然灾害的特殊栽培形式。因此,葡萄设施栽培有其重要意义。

(一)调节市场,增加经济效益

设施葡萄栽培通过对设施内的温度等环境条件的调控,可以人为地提早或延迟葡萄的萌芽期,使葡萄的成熟期提早或延后。

在东北、华北、西北等地区,于早春1月中下旬葡萄休眠期基本过后就开始揭帘升温,使葡萄在2月中下旬萌芽,在5月中下旬至6月上旬成熟,同一品种葡萄一般比露地栽培提早成熟30～60天,以延长市场供应期,解决市场淡季对葡萄的需求。

设施葡萄栽培在黑龙江哈尔滨、河北张家口、山东平度等地区采用延迟葡萄萌芽,9月下旬进行覆盖,使红地球、牛奶等品种的采收期推迟到11月下旬至12月下旬,取得了良好的经济效益。

设施栽培控制葡萄的成熟期,提早或延后供应市场,生产效益显著提高。如北京市通州区张家湾镇设施栽培的京秀、87-1等品种,第三年每667平方米产量1 500千克,在5月下旬上市;河北省滦县商家林乡采用加温温室栽培乍娜、凤凰

51品种,每667平方米产量1 500千克,5月初果实成熟上市;辽宁省熊岳地区日光温室栽培巨峰品种,5月下旬至6月上旬果实成熟上市,每667平方米平均产量2 000千克;黑龙江省哈尔滨郊区采用日光温室后期覆盖延迟栽培红地球等品种,11月中下旬上市,每667平方米平均产量1 500千克;福建省建瓯市区用避雨棚栽培黑玫瑰等品种,每667平方米产量1 589千克。

(二)扩大栽培区域,反季节栽培

我国"三北"较寒冷地区,无霜期短,有效积温不足,许多晚熟优良品种不能正常成熟,限制了葡萄的发展与生产,而在设施条件下,葡萄生长期可延长60天左右。如哈尔滨郊区在设施内栽培红地球品种,延迟到11月底果实成熟良好;在石家庄白牛奶延迟至国庆节上市获得了成功。在我国南方高温多湿地区,一些欧亚种葡萄由于抗逆性差、易发病和裂果等原因,限制了优良品种的发展。因此,可采用大棚及避雨棚栽培,使乍娜、京秀、玫瑰香、无核白鸡心、凤凰51等优良品种生长结果良好。

(三)抵御自然灾害,扩大栽培面积

露地葡萄生产,花期因降雨、低温、大风等不利自然条件造成坐果率低,进入雨季后,黑痘病、白腐病、霜霉病、灰霉病等大发生,严重影响葡萄的品质和产量。而在设施条件下,人为创造一个较优良的环境条件,能够抵御不良环境因素,可保证葡萄的产量与品质,并减轻病虫危害,减少了农药的使用次数,为生产无公害葡萄提供了良好的环境。

二、葡萄设施栽培的设施类型

(一)日光温室

我国葡萄设施栽培应用的主要是塑料薄膜日光温室,其具有采光条件好,保温性能强,经久耐用,取材容易,造价较低,可因地制宜地建造等优点。温室主要用于葡萄的促成栽培,一般比露地可提早 30～50 天成熟。

(二)加温日光温室

加温温室的结构和日光温室相似,只是在温室内部增加采暖设备,如暖气、地热、火炉等。与日光温室相比,较容易控制温度和湿度,葡萄比日光温室能提早 7～10 天成熟。

(三)塑料大棚

塑料大棚是用塑料薄膜覆盖,一般不加盖其他保温物,其保温性较差,比露地可以提早成熟 15～20 天。在北方较寒冷地区,多用于葡萄的延迟栽培;在中部及南方高温多雨地区,用于葡萄促成及避雨栽培。其优点是光照较日光温室好,投资较少,建造容易,生产的果实品质较好。

(四)塑料小拱棚

塑料小拱棚是用长 3 米左右的竹片或紫穗槐条拱成,竹片两端插入地下 20 厘米深,竹片间用 1～3 根绳拉紧固定,架上覆盖 3 米左右宽的塑料薄膜,上面用绳或压膜线压紧防风。小拱棚跨度一般为 1.5～2 米,埋压在葡萄植株两侧,拱棚中间高度 70～80 厘米,拱片间距 50～80 厘米。其优点是取材方便,投资少,葡萄一般比露地提早成熟 7～10 天。

(五)避雨棚

避雨棚是葡萄设施栽培的新形式,是多雨地区葡萄避雨栽培的主要设施类型。此棚是在葡萄枝蔓的上部增设薄膜小棚,防止雨水直接落在枝、叶、花、果上,减少或避免雨水对葡萄生产的影响,减轻病害的发生,减少裂果,从而扩大了葡萄的栽植区域。

三、主要设施的设计

(一)日光温室

(1)园址选择　在无"三害"污染地区选地势较平坦开阔,避风向阳,东、西、南三面没有较高大的遮光物,光照充足,交通方便,水源充足的地方。

(2)温室方位　我国在北纬40°以北地区,温室方位一般以坐北朝南偏东或偏西5°为宜。

(3)温室脊高　在设施内,葡萄架高为2米左右,上部还要留出50多厘米的空间,以利于空气流通和防止叶片被灼伤。因此,温室脊高在2.7~3米较好。

(4)温室的长度及跨度　温室的长度一般以60~80米为宜。温室跨度的确定,应根据温室的高度和当地的地理纬度。一般高纬度地区温室的跨度以6~7米为宜,低纬度地区跨度以7~8米为宜。其跨度不宜过大,如加宽1米,相应的脊高要增加0.2米,后坡的宽度要相应增宽,因而会增加建筑成本。

(5)温室的棚面角　又称屋面角,是指温室的主要棚面与水平面之间的夹角。温室的棚面是温室受光的主要部位,采用拱圆式温室受光较好。理想的温室屋面角的确定,主要根据当地的地理纬度和冬至时的赤纬度。其计算公式为:理想温室屋面角=当地纬度-赤纬度。用此公式计算出来的温室屋面角,温室受光最好,但建造起来很不符合生产实际。如鞍山、锦州地区地理纬度约为42°,冬至时赤纬度为-23.5°,理想温室屋面角＝42°－(－23.5°)＝65.5°,这样的温室屋面角是很难建造的。而生产上应用温室的屋面角是根据生产实际测定的,当入射角在0°～40°范围内,设施内进光量差异不显著,在40°以上透光率显著下降,设计温室屋面角时必须减去40°才实用。因此,实用的温室屋面角公式为:温室屋面角＝当地纬度－赤纬度－40°。按此,鞍山、锦州地区温室屋面角＝42°－(－23.5°)－40°＝25.5°。这样计算出来的屋面角,既保证了温室透光率良好,又符合生产实际的建筑要求。

(6)温室的仰角 是温室后坡与水平面之间的夹角。温室仰角的大小决定后坡的长度与陡度。仰角大,后坡相应较短,光照较好,但温室保温性差,陡度较大,温室上面放置草帘和人员作业不便;反之,仰角小,后坡变长,保温性能好,但温室北部的光照较差。所以,温室仰角设计应大于当地冬至正午时的太阳高度角。生产中温室的仰角以40°～45°为佳。

(7)温室的地角 是指温室前棚面与水平面之间的夹角。一般生产中以60°～70°角为好,这样不但采光效果好,且温室内可利用的空间大,室内作业方便(图10-1)。

(8)温室墙体规格 一般北墙高度为1.8～2.5米,厚度为0.8～1.2米。生产中北墙的厚度应略大于当地冻土层的厚度,并且还要在后墙外培土保温。如鞍山、锦州地区冻土厚度为1米左右,其温室北墙厚度要比1米略厚一些。如果墙体采用空心墙,填充聚苯板或珍珠岩或稻壳等保温材料,保温效果较好。也可用砖石或土坯砌成,或用土干打垒或用草泥垛成。

(9)通风窗设置 在建造北墙时,每5～7米距离,在地面上1～1.5米高处留高、宽各24厘米左右大小的小窗;亦可在棚面上每隔一段距离设置通风口,用于调节温、湿度及空气。

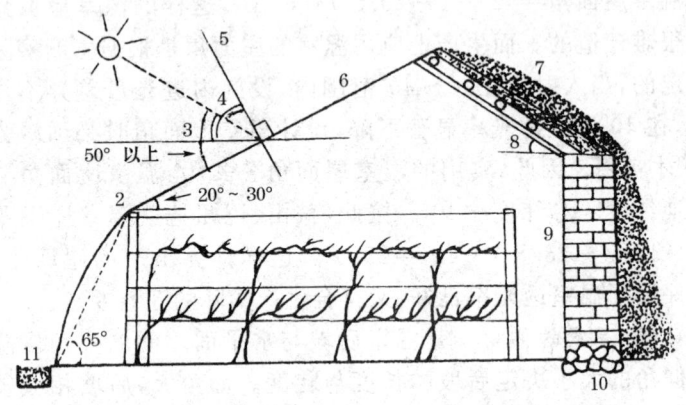

图 10-1 钢架温室棚面角和单臂双层水平树形

1. 地角 2. 棚面角 3. 太阳高度角 4. 入射角 5. 法线(与棚面呈 90°)
6. 棚面 7. 后坡面 8. 后坡仰角 9. 后墙 10. 墙基 11. 防寒沟

现在,锦州、葫芦岛等地区建造温室时不设通风口,而是采用棚面薄膜间拨缝通风。在覆盖薄膜前,先将塑料薄膜利用热合的方法加工成三大片:下片宽 1~1.5 米,上边加 1 根比薄膜稍长的绳,固定在拱架上;上片宽 1 米左右,下边加 1 根比薄膜稍长的绳;中间一片宽度根据温室的宽度而定,上下两边均加 1 根比薄膜稍长的绳。扣膜时,上一片叠扣在下一片上边 20 厘米左右。生产前期需要通风时,用手从上面两块薄膜搭缝处扒开,通过拨缝的大小来调节通风换气量,调节温度与湿度;生产后期随着外界温度的升高,靠棚顶风温度仍然降不下来时,将最下面的一片薄膜撩起,上下一起通风。

(10)防寒沟设置 温室前角由于径流散热,地温较低。为了减少温室前角的地温,需在温室前檐下挖深、宽各 0.5 米的防寒沟,内填充麦秸、稻草等保温材料,再盖上厚 10 厘米左右的土,使之高于地面,踩实防雨。

(11)塑料薄膜的选择　薄膜要求具有透光性好、耐老化、具有较好的保温性、无滴、牢固等优点。目前应用较多的是聚氯乙烯长寿无滴膜和乙烯－醋酸多功能复合膜,综合性状良好,具有高透明、高效能等优点,目前我国北方已大面积推广这种复合膜。

(12)不透明覆盖材料的选择　主要有草帘、纸被、无纺布等。草帘一般厚3～5厘米,宽1.2～2米,长度根据棚面长度确定。草帘保温性能较好,覆盖一层,温室内温度可提高3℃～6℃。纸被是由4～7层牛皮纸或水泥袋包装纸缝制而成,常与草帘等覆盖材料配合使用。无纺布是用聚酯热压加工成的布状物,其强度较大,可用缝纫机或手工缝合,其使用寿命长,防水、耐湿。

(二)塑料大棚

塑料大棚的方位多为南北向,光照条件好,常用竹木、钢材等材料制成拱形骨架,覆盖塑料薄膜而成。棚高2.4～3米,宽12米左右,长40～80米。

(1)竹木拱架结构　生产上主要以竹木为建筑骨架。拱架是支撑棚膜的骨架,横向固定在立柱上,使其呈宽拱形,两端插入地下脚石眼中。一般多用毛竹片做拱架,间距1米左右。立柱是塑料大棚的主要支柱,承受棚架、棚膜以及雨雪的重量,直立或倾斜向受力方向。立柱基部用砖石等做拉脚石,以防止被风刮起或下沉。拉杆是纵向连接立柱,用于固定骨架。多采用竹竿或木杆等材料,距立柱顶端低30～40厘米处固定在立柱上,使各排立柱连接成整体,风大地区拱架间应加压膜线,使其牢固而稳定。

(2)钢材拱架结构　骨架采用镀锌钢管或用钢筋焊接而成。其优点是骨架强度大,棚内无立柱,抗风雪能力强,坚固耐用,骨架遮荫少,室内光照好,以便于机械作业(图 10-2)。

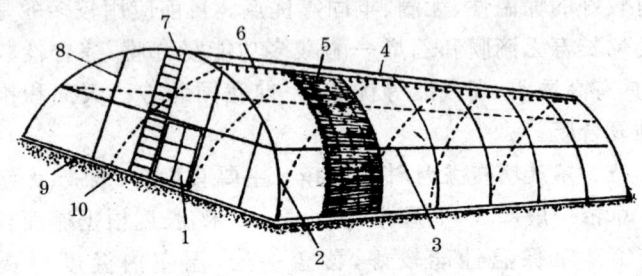

图 10-2 改良半拱式钢管塑料薄膜大棚
1. 门 2. 钢管 ø22 毫米×15 毫米 3. 横拉杆 4. 拱梁 5. 草苫
6. 挂草苫钩 7. 梯子 8. 拱棚立柱 9. 水泥挡杆 10. 培土

(3)钢管装配式大棚 采用薄壁镀锌钢管组装而成,由厂家按规格生产的配套产品。其优点是结构合理,耐腐蚀,坚固耐用,可拆卸重新组装,便于换地倒茬。

(三)避雨棚

避雨棚结构及建造见第五章,这里不再介绍。

四、葡萄设施栽培的类型

(一)促成栽培

1. 加温促成栽培 系指在葡萄自然休眠期还没结束或临近结束时,即开始升温催芽。此种类型栽培方式是日光温室里有加温设施,白天靠太阳辐射加温,夜间用草苫、纸被等覆盖保温,适当加温以提高温度,以满足葡萄生长要求。其升温催芽时间在元旦前后,1 月下旬至 2 月上旬萌芽,3 月上中旬开花,果实于 5 月中下旬成熟采收上市,比露地栽培提早 60 天以上。对于葡萄在此时期未结束休眠的品种,则要用化学药剂打破休眠,以保证萌芽整齐一致。

2. 一般促成栽培 系指用日光温室升温方法催芽,白天只靠太阳辐射加温,夜间用草帘、纸被等覆盖保温。开始升温催芽的时间在 1 月中下旬,2 月上中旬萌芽,3 月中下旬开花,5 月中下旬至 6 月上旬果实成熟上市,比露地提早 30～50 天成熟。

(二)延迟栽培

延迟栽培是我国葡萄设施栽培的新方法。在我国"三北"地区,多数晚熟优质品种由于有效积温不够,露地栽培不能正常成熟,通过利用设施栽培扩大了这些优良品种的栽培区域,可保证这些地区的葡萄供应。延迟栽培主要采用塑料大棚为保护设施。于 9 月中下旬至 10 月上旬,在葡萄成熟前采用塑料膜覆盖,防止低温对葡萄的伤害,从而使葡萄能够正常成熟,并可推迟到 11～12 月采收上市,以延长葡萄鲜果供应期。

(三)避雨栽培

避雨栽培是我国多雨地区葡萄设施栽培的新形式。近几年来,这种栽培方式在华东、华中地区发展很快。避雨栽培以避雨棚及塑料大棚为保护设施,可分为简单避雨栽培和先促成、后避雨相结合的两种方式。我国葡萄产区大部分处在东亚季风区内,降水量大并且集中,病虫害严重,果品质量差,严重地影响了葡萄的生产与发展。利用避雨棚栽培,减少了降水对葡萄生产的影响,提高了葡萄的品质,并且扩大了欧亚品种的栽培区域。

五、设施中葡萄的栽培与管理

(一)设施栽培品种的选择

主要根据市场需求和各地区的消费习惯,选择消费者喜欢而有发展前景的品种。

1. 适合促成栽培的优良品种

（1）乍娜　在设施栽培中，对直射光要求不严，在散射光条件下也能正常生长结果，着色良好，适宜设施高温高湿的生态条件。乍娜萌芽期较晚，当昼夜平均温度达到12℃时开始发芽，开花时要求温度28℃左右，空气相对湿度70%～75%。果实生长期要求温度为26℃～30℃，空气相对湿度控制在60%左右，经过果实膨大期、着色期直至果实成熟。乍娜在设施中容易栽培、早熟、丰产，病虫害和裂果均少于露地栽培。在辽宁盖州、鞍山市和河北滦县及京、津、唐郊区的日光温室，2月上中旬开始萌芽，3月下旬开花，5月上旬果实开始着色，5月下旬果实成熟上市。在日光温室栽培乍娜一般比露地提早成熟40～50天。另外，乍娜的早熟芽变早乍娜（90-1），其性状基本同乍娜，成熟期比乍娜早7～10天，在设施中促成提早栽培表现较好。

（2）京秀　在北京郊区日光温室栽培2月上旬萌芽，3月中下旬开花，6月上中旬果实成熟。日光温室栽培比露地提早成熟50天左右。表现着色早、果实鲜红艳丽、肉质硬脆，较丰产。在温室栽培，生长势中庸，芽眼萌发率达72.5%，且萌发整齐。结果枝率高，适合小棚架和单立架。每667平方米温室或大棚产量以控制在1 200～1 500千克为宜。

（3）87-1　在日光温室栽培表现耐高温、弱光，植株长势中庸，芽眼萌发率高，枝条成熟好，易形成花芽，结果枝率达68%，副梢结实力强。坐果率高，无落粒，不裂果，丰产。在辽宁鞍山、盖州市及京、津、唐郊区的日光温室里，1月中下旬萌芽，3月上中旬开花，5月上中旬果实成熟上市。日光温室栽培比露地提早成熟50天左右。

（4）凤凰51　在设施中栽培，表现植株生长势中庸，芽眼萌发率高,枝条成熟好,结果枝率为58.8%,结果早,产量高。在辽宁盖州市、河北滦县及京、津、唐郊区的日光温室中栽培,1月下旬至2月上旬萌芽,3月上旬开花,4月中下旬果实着色,5月中下旬果实成熟。日光温室栽培比露地提早成熟50天左右。在相同条件下,比乍娜提早萌芽3～5天。开花期要求相对空气湿度控制在70%左右,生长后期应控制在60%左右。在温室或大棚中,该品种较耐散射光,着色整齐,均达深紫红色,有玫瑰香味,连年丰产。

(5)森田尼无核　平均果粒重5.2克,用赤霉素处理后果粒重达7.5克以上。日光温室栽培,花芽形成好,较丰产,但生长势较强,应增施有机肥和磷、钾肥,少施氮肥,及时摘心。在日光温室栽培,6月上旬果实成熟上市,比露地提早成熟55天左右。

(6)巨峰　在设施栽培中,昼夜平均温度达到10℃时开始发芽,在温度为24℃～26℃、空气相对湿度为65%左右开始开花。巨峰需有直射光才能较好地开花结果,要求室内光照良好;温度较高,发芽才能整齐;但温度过高,湿度大时,要防止枝条徒长和落花落果。每667平方米产量以控制在2000千克为宜。在山东、河北、辽宁等地的温室中均有栽培,多采用大苗一年一栽制,双行带状栽植,小行距50厘米,大行距300厘米,株距50厘米,每667平方米栽植800株左右。日光温室于1月下旬至2月上旬萌芽,3月上中旬开花,5月中下旬开始着色,6月上中旬果实成熟上市。日光温室一般比露地提早成熟60天左右。巨峰自然休眠期较长,需要提前升温催芽,并用化学药剂催芽。

2. 适合延迟栽培的优良品种

(1)牛奶　欧亚种。露地栽培9月中下旬成熟,用覆盖方法可延迟到 11 月上旬采收,基本无裂果,无落粒,且色泽更加艳丽。是较适合大棚延迟栽培的中晚熟优良品种。

(2) 红地球 从萌芽到果实成熟需要 155 天左右,在覆盖情况下延迟采收品质更佳,可溶性固形物含量高达 20% 以上。该品种花序大,坐果率高,应注意修整花序和疏果粒,每穗果粒留 60~70 个;果粒黄豆粒大小时进行套袋。延迟栽培如不套袋,颜色过深,降低商品价值。该品种易发生日灼病,应在果穗上多留叶片,防止日灼病的发生。红地球在福建、浙江等地避雨栽培,果实发育正常,病虫害减轻,果实含糖量达到 17%,可提高葡萄品质和经济效益。

(3) 红意大利 在设施栽培中,可延迟到 11 月下旬采收,无裂果,无落粒,可溶性固形物含量可达到 20%,品质更佳。是设施延迟栽培中比较优良的品种。

3. 适合避雨栽培的优良品种 有藤稔、香悦、香红、吉香、高妻巨峰和巨玫瑰等欧美杂交种。详见第三章。

(二) 设施栽培的制度、架式及密度

1. 栽培制度 设施葡萄的栽植制度主要为一年一栽制和多年一栽制两种。一年一栽制是在每年 6 月份果实采收后将原植株拔除,再将准备好的营养袋大苗定植到设施中。这样栽培的苗木质量好,植株大小均匀,萌芽率高,花芽分化好,植株抗病能力强,栽培密度较大,容易获得优质丰产。辽宁盖州市及北京郊区等地的日光温室多采用这种栽培方式,但应选择早果性好的品种,栽后第二年就能达到丰产。经笔者几年的试验调查,乍娜、凤凰 51、香妃、巨峰等品种适合一年一栽制。多年一栽制是一次定植后连续多年进行葡萄生产。

2. 架式及密度 设施葡萄栽培架式主要有倾斜式小棚架、篱架及双十字形架。其栽植密度:篱架和双十字形架行株距为 2.5~3 米×0.5 米,小棚架为 3.5~4 米×0.5 米。架式结构详见第五章。

(三)设施中温度的要求与调控

1. 冬春揭帘升温催芽期的温度调控　日光温室在 1 月上旬到 2 月上旬葡萄休眠期结束时开始揭帘升温较适宜;北方塑料大棚一般在外界日平均温度稳定在 $-2℃$~$4℃$ 时开始覆膜升温;南方塑料大棚及避雨棚在防治好黑痘病的前提下,花前为覆膜适期。日光温室在太阳出来半个小时后揭帘,揭后设施内温度下降 1℃ 左右然后升高为适应揭帘时间;日落前 1 小时左右设施内温度降到 20℃ 左右时盖帘,阴雪天不揭帘。在开始升温的前 10 天,应使室温缓慢上升,白天室温由 10℃ 逐渐上升到 15℃~20℃,夜间保持在 10℃~15℃,最低不低于 5℃,并保证低于 7.2℃ 以下的时间不要超过 20 小时;地温要上升到 10℃ 左右。升温后 20 天左右的催芽温度,白天由 15℃~20℃ 逐渐升到 25℃~28℃,夜间保持在 15℃~20℃,地温稳定在 20℃ 左右时较为适宜。

2. 萌芽期到开花期的温度调控　从萌芽到开花一般需要 40 天左右,萌芽期白天室温控制在 20℃~28℃,夜间保持在 15℃~18℃。开花期白天室温保持在 20℃~25℃,最高不超过 28℃,夜间保持在 16℃~18℃。此期白天温度升到 27℃ 时,应通风降温,使温度维持在 25℃ 左右为宜。开花期温度过高,会导致花器官发育不良,落花落果严重,叶片易出现黄化脱落等现象。此期要保证夜间的温度,控制白天的温度。晴天时,加强通风降温,使温度不要超过 28℃。

3. 果实膨大期的温度调控　此期营养生长与生殖生长同时进行,白天温度控制在 25℃~28℃,夜间保持在 16℃~20℃。本阶段太阳辐射增强,设施内温度较高,应注意通风降温,不要超过30℃。当外界气温稳定在20℃左右时,温室、大棚的通风口晚上不用关闭;将避雨棚下部围裙去掉或临时揭膜,以增加光照强度,增强葡萄抗性。

4. 果实着色至成熟期的温度调控 此期为了促进果实糖分积累、浆果着色、果实成熟及增加树体养分积累,白天温度控制在28℃~30℃,最高不要超过32℃,夜间加大通风量,使夜间室温维持在15℃左右,昼夜温差达到10℃~15℃。抑制夜间呼吸消耗,加速光合产物运转,促进果实着色、成熟,提高含糖量和果实品质。加温温室在葡萄生育期中如达不到温度要求时,应采取人工加温措施。

(四)设施中光照的要求与调控

葡萄是喜光植物。栽培品种的光饱和点为3万~5万勒克斯,补偿点为0.1万~0.2万勒克斯。当设施内的光照强度达到0.2万勒克斯左右时,叶子光合作用所制造的养分才能维持植株的生长发育。如设施内光照不足,光合产物减少,开花不良,坐果率降低,果实着色不良,品质和产量下降;并使植株徒长,易发生病虫害。设施内白天主要靠太阳光照给室内加温,夜间靠覆盖来保温。而设施的光照时数与季节、纬度和天气情况等有关,同一地区、季节光照时数是用揭帘和盖帘时间控制;光照强度与分布则随太阳位置的变化和设施结构不同而变化;光质主要受透明覆盖物种类的影响。为了满足光照的要求,第一,要改进日光温室的拱形结构,提高采光保温性能,调整好棚面角,尽量使太阳入射角在25°~35°,减少棚膜对光照的反射,以增大透光率;第二,选用透光效果好的无滴多功能优质薄膜,并经常清扫和冲洗表面,增加透光度;第三,选用牢固的骨架,减少骨架及支柱等的遮荫;第四,铺设反光膜及后墙涂白,以增加设施内的光照强度,改善光的分布以及增加室内温度；第五，要掌握揭盖草苫的时间，做到早揭晚盖，尽量延长光照时间。

(五)设施中湿度的要求与调控

设施内空气湿度的调控，要根据葡萄不同的生长发育阶段来进行。在催芽期，土壤要小水勤浇，使室内空气相对湿度控制在85%左右，以防止芽眼枯死；开花期室内相对空气湿度应控制在65%左右，以利于开花授粉受精，提高坐果率；果实膨大至浆果着色期空气相对湿度应控制在75%左右；浆果成熟期，室内空气相对湿度应控制在55%左右，以提高浆果可溶性固形物含量和耐贮运性。如室内湿度不足时，用地面灌水、室内喷雾增加湿度，以保证葡萄生长发育的需要；如设施内空气相对湿度过高，应减少灌水，通过通风降低室内湿度。

(六)设施中二氧化碳的要求与调控

1. 二氧化碳气体及其调控 二氧化碳气是植物光合作用不可缺少的原料，要应用氧气、二氧化碳测定仪掌握氧气、二氧化碳气的浓度。植物叶片中的叶绿素吸收太阳光能，将二氧化碳和水同化成有机物质，以保证植株的生长发育，构成生物学产量。设施内是比较密闭的环境，夜间由于葡萄植株的呼吸作用及土壤有机质分解，使二氧化碳不断增加，在每天上午6~8时，揭帘前室内二氧化碳浓度最高，可达700毫克/千克左右；而在太阳出来后，随着光照强度的增加和设施内温度的升高，葡萄的光合作用也随之加强，使设施中的二氧化碳浓度迅速下降，一般可降到200毫克/千克左右，严重影响葡萄的光合作用，导致葡萄产量和品质的下降。

增加室内二氧化碳浓度的方法：首先是通风换气，与外界气体进行交换，使设施内的二氧化碳浓度恢复到与外界二氧化碳浓度相同的水平;其次是采用增施有机肥料的方法;再次通过人工增加设施内的二氧化碳的浓度,如在设施内燃烧有机物、利用二氧化碳发生器释放二氧化碳或市场销售的高压罐装的片状、颗粒状以及粉状的二氧化碳等,直接释放二氧化碳即可。

2. 有害气体及其控制 设施内的有害气体主要有氨气、亚硝酸气、氯气、二氧化硫、一氧化碳等,这些气体累积到一定的浓度将对葡萄植株造成危害。氨气主要来自施用尿素的分解,氨气再分解产生亚硝酸气;氯气来自于聚氯乙烯等含氯薄膜材料的挥发;二氧化硫、一氧化碳主要来自设施加温时燃料燃烧不充分或加温设备漏气。

设施内有害气体的控制措施:一是要注意科学施肥,少施化肥,尤其要少施尿素;施用时要少量多次;施用有机肥要经过充分腐熟。二是要通过通风换气排除设施内的有害气体。三是选用质量较好的薄膜,防止有害气体的挥发。四是在温室加温时,保证加温设备通畅不漏气。五是科学施用农药、化肥,不要随意加大使用浓度和数量。

(七)设施中病虫害的防治

葡萄在设施栽培的条件下,多数病害如霜霉病、白腐病比露地轻;少数病害如白粉病、灰霉病加重;生理病害及虫害增多,一般露地很少发生蚜虫、红蜘蛛,而在设施栽培中则易发生。

设施内葡萄病虫害的识别、药剂选择可参见第九章。

(八)设施中葡萄芽、枝、蔓、花、果的管理

对于一年一栽制的葡萄设施栽培,首先要加强定植后的苗木管理,保证植株生长健壮,促进花芽分化,确保产量。当苗木长到20~30厘米时插竹竿进行引绑;按整形的要求,每

株选1～2个壮枝培养主蔓,其余抹除,当新梢长到1米左右时摘心,顶端第一副梢生长到50厘米摘心,对其副梢都留1片叶反复摘心,并抠除副梢上的腋芽,以促进花芽分化和主蔓加粗生长。扣棚萌芽后,主蔓40厘米以下的芽全部抹掉,上部留4～5个长势中庸的结果枝,每个结果枝保留1个果穗。其他管理如抹芽定梢、摘心、疏花序、花序整形、疏粒可参见第六章。但设施内栽培密度较大、枝条较多,并且设施内的光照条件较差,因此,修剪时留芽量要比露地少留1～2个。结果枝摘心和副梢、花序的处理要及时,以增加设施内的通透性。进入果实着色期,要调整叶幕层结构,及时疏剪副梢和老叶,以利于通风透光,保证着色良好。对于多年一栽制的,还要考虑翌年的生长与结果问题。设施内光照条件差,花芽分化不良,萌芽率降低,结果部位外移。因此,应参考露地管理,在葡萄果实采收后,应进行1次修剪,疏除生长势过旺和衰弱枝。对生长势中庸的结果母枝留2～4个芽修剪,以刺激枝条基部萌发冬芽。冬芽萌发后,每平方米架面保留20个左右靠近主蔓的新梢,培养成下一年的结果母枝。扦插苗还可采用平茬更新,即在果实采收后10天左右,根系积累一定养分后,从距离地面10厘米处剪除老蔓,促使下部的隐芽萌发并培养成主、侧蔓。注意加强肥水管理及病虫害防治,促使枝叶繁茂,促进花芽形成和枝条成熟,以保证第二年的产量。

在我国北部保护地内,冬季气温如降至−15℃以下,在日光温室内葡萄休眠期也要进行防寒。其防寒方法很简单。齐齐哈尔市园艺研究所的经验是:在秋季修剪后下架,顺行将葡萄枝蔓理顺捆好,其上用作物秸秆、麻丝袋等保温物盖上10多厘米厚,再用行间土将枝蔓埋深20厘米左右即可安全越冬。休眠期结束后,每年12月至翌年1月上旬就可揭帘增温,再撤除防寒土进行上架。在精心管理的条件下,乍娜、特早玫瑰、京秀、玫瑰早、凤凰51、87-1等品种可连年获得较好的产量和效益。

(九)设施中肥水管理技术

设施葡萄施肥方法及肥料选择按农业部NY/T 496—2002的有关规定执行,主要是施用腐熟的有机肥为主,适时适量地追施化肥。一年一栽制的葡萄苗木栽植后要覆地膜,当苗木长到20厘米左右时,进行第一次追肥,每株施用尿素30克左右;第二次在花后进行,每株施用尿素50克左右;在果实膨大期进行第三次追肥,每株施用氮磷钾复合肥50克左右。生长季结合喷药进行叶面喷肥,前期喷0.3%尿素溶液,后期喷2~3次0.3%磷酸二氢钾溶液促进果实和枝蔓成熟。

(十)葡萄设施栽培新技术的应用

1. 打破休眠技术

(1)通过低温完成自然休眠 一般欧亚品种葡萄在自然条件下,必须经过7.2℃以下的低温90~110天才能通过自然休眠。因葡萄种类不同,其通过低温完成自然休眠的天数也不同。在保护地葡萄生产中,应选用自然休眠期短的品种较好。

(2)用化学药剂打破休眠 当前应用最多的是石灰氮[化学名称为氰氨化钙($CaCN_2$)]。石灰氮有毒,使用时要注意安全。其应用方法是将1份石灰氮加4~5份水,混合搅拌2小时,沉淀后,取其上部澄清液,涂抹枝芽,对打破葡萄休眠有显著效果。注意早春要在温室升温前30天进行效果最佳。每10米长的篱架上的葡萄枝芽用量为15毫升左右即可。山东省蒙阴县农业局对凤凰51采用0.3%的朵美滋(50%单氰氨)喷布枝、芽的萌芽期比用石灰氮提前8~9天,比对照(清水)提早 25 天,萌发率和坐果率分别提高 20% 和 7%,各地可试用。

2. 滴灌技术

(1)滴灌　滴灌的优点:一是节约用水、降低能耗,一般节水 40% 左右;二是滴灌技术与地膜覆盖技术相结合,可以降低设施内的空气湿度,有效防止设施内病虫害的发生发展;三是可以经常保持适宜的土壤水分,防止忽干忽湿,能有效地防止裂果。

(2)滴灌系统及其安装　滴灌系统主要由供水装置、输配水管道(干、支管)和灌水器(滴头、滴水软带)组成。供水装置主要是指水源、水泵、压力调节器等。进入滴灌管道的水,必须具有一定的压力才能保证灌溉水的输入和滴出。设施葡萄栽培获得水压的主要办法是利用微型水泵直接供水。输水管道是指供水装置的水引向设施内滴灌区的通道,包括干管、支管和毛管,一般采用塑料管道;在输水管道上需要安装过滤器、肥料混合箱、肥料注入器等。灌水器是滴灌系统的滴水设备,将管道中的压力水流输送到葡萄根部。设施葡萄栽培应用较多的是滴水软带。

3. 电动卷帘与多层覆盖　在设施栽培中,正在广泛推广电动卷帘和多层覆盖技术。电动卷帘技术是利用卷帘机带动传感轴进行机械卷帘。电动卷帘不但节省劳力,又能提高卷帘速度,延长设施内的光照时间。多层覆盖技术是利用透明覆盖材料,大棚内扣中棚、小棚或地膜,以提高设施内的温度。

第十一章 葡萄采收、分级及贮藏保鲜

一、鲜食葡萄适时采收对贮运保鲜的作用

(一)葡萄采前因素对贮藏的影响

1. 选择品种 葡萄栽培品种耐贮性差异较大。实践证明,一般晚熟品种耐贮性好于中、早熟品种,有色品种强于白色品种。欧亚种品种耐贮运性好于欧美杂交品种。同一品种南方栽植的浆果耐贮性不如北方。深色、晚熟、皮厚、果面有蜡质、果粉多、肉质致密脆硬、穗轴木质化程度高、果刷粗长、含糖量高的品种通常普遍耐贮运或较耐贮运,如红地球、龙眼、红意大利、和田红、玫瑰香、甲斐路等;果粒大、抗病性强的香悦、巨峰、黑奥林、夕阳红、先锋、藤稔等品种耐藏性中等;无核白鸡心、牛奶、木纳格等白色品种贮运过程中果皮磨伤、碰伤后易褐变,果粒易脱落,耐藏性较差。

2. 树体负载量 浆果品质及耐贮性与产量有密切关系。产量过高,浆果粒小,含糖量低,着色差的,不耐贮藏。合理控制单产能达到产出效益与贮藏效益双丰收。用于贮藏的葡萄每667平方米的产量不宜超过2 000千克,最好控制在1 500千克左右,果实含糖量应达到16%～18%。另外,用激素做膨大、无核处理的果实不耐贮藏。

3. 肥水管理 施氮肥较多易造成新梢旺长,葡萄上色差,糖度低,不耐贮藏。葡萄是喜钾肥的果树,施钾肥有利于浆果着色上糖。采前对果实喷钙[如1%$Ca(NO_3)_2$],可增加耐贮性。旱地栽培的浆果耐贮性强。采前2周内不要灌水,

降水后要及时排水。果实含水量大,贮藏中极易裂果和腐烂。

4. 病虫害防治 葡萄园的病虫害严重,影响果实的耐贮性。如果葡萄园中灰霉病、霜霉病较重时,贮藏期间果梗易干枯,果粒脱落,果穗有白腐病、炭疽病等,均会在贮藏期间发展,导致贮藏果腐烂。因此,采前喷1次甲基托布津800倍液或多菌灵600～800倍液,有助于提高葡萄的耐贮性。套袋能有效地减少果实病害,果面光洁鲜艳,无污染。

(二)葡萄采后的生理变化

葡萄释放乙烯量很少,贮藏中对乙烯不敏感。在20℃时一般中晚熟品种(500克/穗)的葡萄呼吸强度为20～25毫克二氧化碳/千克·小时,在0℃下为2～4毫克二氧化碳/千克·小时左右。因此,要采用低温控制。

葡萄果穗由穗轴、果柄及果粒组成,影响葡萄贮藏的关键在于占葡萄总重量2%～6%的穗轴、果柄。葡萄穗梗和果柄含水量高,具有皮孔(葡萄果粒没有皮孔),容易失水,呼吸旺盛,容易发霉腐烂。梗、柄损失的水分占整个葡萄果穗的49%～66.5%,葡萄在贮藏过程中绝大多数的真菌发生在梗、柄上,果柄发霉后,干枯、脱落,真菌从果柄与浆果连接处侵入,造成浆果腐烂。

(三)葡萄采收的成熟度及采收、分级、包装

1. 采收期的确定 鲜食及贮藏的葡萄应在充分成熟时采收。在果实进入转色期后,每隔2天测定1次可溶性固形物,当其不再增加时为成熟采收适期。不同葡萄品种可溶性固形物含量标准见表11-1。

表 11-1 我国代表性鲜食葡萄品种的平均果粒重量和可溶性固形物含量 (NY/T 470—2001)

品　种	平均单粒重(g)	可溶性固形物含量(g/100mL)	品　种	平均单粒重(g)	可溶性固形物含量(g/100mL)	品　种	平均单粒重(g)	可溶性固形物含量(g/100mL)
玫瑰香	5.0	17	藤稔	15.0	14	绯红(乍娜)	9.0	14
无核白	2.5	19	红地球	12.0	16	木纳格	8.0	18
瑞必尔	8.0	16	龙眼	6.0	16	巨峰	10.0	15
秋黑	8.0	17	圣诞玫瑰	6.0	16	无核白鸡心	6.0	15
里扎马特	10.0	15	泽香	5.5	17	巨玫瑰	9.0	19
牛奶	8.0	15	京秀	7.0	16			

注：表中数据为该品种在主栽区的平均值。部分品种为处理果实的数据。未列入的品种，可用其主产区 3 年的平均值

一般说来，入贮的葡萄采收期限愈晚，果实含糖量愈高，冰点愈低，穗轴木栓化程度愈高，越耐贮藏。在同一地区，果实上色度基本上可反映品种的成熟度。如巨峰达到紫红、紫黑色就应及时采收入库。此时，可溶性固形物含量一般在 16% 以上。辽西地区葡萄可溶性固形物含量如表 11-2 所示。

表 11-2 巨峰葡萄着色与可溶性固形物的关系

紫黑	紫红	红(1/3青或稍青)	半红(1/2青)	微红
16.1	15.0	14.2	13.3	12.0

2. 采收作业要求 葡萄采收及入贮前的各项作业对贮藏质量的好坏是关键环节。因此，采收时要严格把关。采收时应注意以下几点：①采收应选择在晴朗天气，露水蒸发后进行，阴雨、大雾及雨后不能采收。②采摘、装箱、搬运要小心操作，工作人员要带手套，轻拿轻放，严防人为落粒、破粒。③

采摘时,一手握剪刀,一手抓住葡萄穗梗,在贴近母枝处剪下,保留一段穗梗;采后直接剪掉果穗中烂、瘪、脱、绿、干、病的果粒和硬枝,分级后直接放入箱、筐或内衬塑料保鲜袋的箱内。最好不要再倒箱,一般倒 1 次箱损耗率增加 5 倍以上。④葡萄采收后应及时分级、装箱运往冷库,做到不在产地过夜,以保持果柄新鲜。实践表明,巨峰采后 20 小时入库,贮藏 60 天后的干梗率比采后 4 小时入库的高 51.7%。其分级标准见表 11-3。

表 11-3 鲜食葡萄等级标准 (NY/T 470—2001)

项 目	优 等	一 等	二 等
果穗基本要求	果穗完整、洁净、无异常气味,不落粒,无水罐子病,无干缩果,无腐烂,无小青粒,无非正常的外来水分,果梗、果蒂发育良好,并健壮、新鲜、无伤害		
果粒基本要求	充分发育;充分成熟;果形端正,具有本品种固有特征		
果穗基本要求: 果穗大小(kg) 果粒着生紧密度	0.4~0.8 中等紧密	0.3~0.4 中等紧密	<0.3 或>0.8 极紧密或稀疏
果粒基本要求:			
大小(kg)	≥平均值的 115%	≥平均值	<平均值
着色	好	良好	较好
果粉	完整	完整	基本完整
果面缺陷	无	缺陷果粒≤2%	缺陷果粒≤5%
二氧化硫伤害	无	受伤果粒≤2%	受伤果粒≤5%
可溶性固形物含量	≥平均值的 115%	≥平均值	<平均值
风味	好	良好	较好

3. 包装 用于葡萄的包装容器主要选用无毒、无杂味的原料制作的板条箱、纸箱、钙塑瓦楞箱和硬质塑料泡沫箱等,板条箱、硬质塑料箱规格为 5~10 千克,纸箱规格为 1~5 千克。用于贮藏的容器多为板条箱、塑料箱,塑料泡沫箱保温、减震性能好,可用于运输或贮藏。目前,我国用于冷藏的葡萄

通常采用无毒的塑料袋（保鲜袋）+防腐剂的贮藏形式，塑料薄膜主要有聚乙烯和无毒聚氯乙烯两种，厚度一般为0.03~0.05毫米较为经济实用。装箱时，要求箱内摆码平整，摆紧摆实，以1~2层为宜，袋内上下各铺1层包装纸以便吸潮。销售包装上应标明名称、产地、数量、生产日期、生产单位等内容。

（四）采后作业

1. 贮藏葡萄质量要求 根据 GB/T 16862—1997《鲜食葡萄冷藏技术》和 NY/T 5086—2002《无公害食品 鲜食葡萄》的标准，葡萄质量要达到以下要求：①果实具有本品种果型、硬度、色泽（果肉、种子颜色）、风味等特征，严禁品种混杂；②果穗新鲜，无病虫害侵染、水罐子病和机械损伤；③果面无水迹、无病斑、无农药残留；④穗梗要求木质化或半木质化，呈褐色或鲜绿色，不失水。其鲜食葡萄感官要求指标和卫生要求指标详见表11-4。

表11-4 鲜食葡萄感官及卫生要求 （NY/T 5086—2002）

感官项目	指 标	卫生项目(pH6.5~7.5)	指标（毫克/千克）
果 穗	典型而完整	砷（以 As 计）	≤0.5
果 粒	大小均匀发育完好	铅（以 Pb 计）	≤0.2
成熟度	充分成熟果粒≥98%	镉（以 Cd 计）	≤0.05
色 泽	具有本品种应有的色泽	汞（以 Hg 计）	≤0.01
风 味	具有本品种固有风味	敌敌畏	≤0.2
缺陷果	≤5%	杀螟硫磷	≤0.5
		溴氰菊酯	≤0.1
		氰戊菊酯	≤0.2
		敌百虫	≤0.1
		百菌清	≤1.0
		多菌灵	≤0.5

注：根据《中华人民共和国农药管理条例》，剧毒和高毒农药不得在果品生产中使用

2. 葡萄分级　我国于 2001 年发布了农业行业标准《鲜食葡萄》(NY/T 470—2001),规定了鲜食葡萄的外观、大小、内在品质及着色度等级标准等(表 11-5)。

表 11-5　**鲜食葡萄的着色度等级标准**　(NY/T 470—2001)

着色程度	每穗中呈现良好的特有色泽的果粒≥		白色品种
	黑色品种	红色品种	
好	95%	75%	
良好	85%	70%	达到固有色泽
较好	75%	60%	

3. 预冷　葡萄采后必须快速预冷,能有效地降低果穗呼吸强度,延缓贮藏中病菌的危害与繁殖。另外,快速预冷,还可以防止果梗干枯、失水、阻止果粒失水萎蔫和落粒,从而达到保持葡萄品质的目的。目前,预冷方式主要是在有吊顶风机的冷库内进行,将库温设定在 $-1℃ \sim 0℃$,预冷 20~24 小时,待葡萄果温降到 0℃ 时码垛入贮。若采用塑料小包装,则需敞开袋口预冷,预冷后放入保鲜剂扎口入贮。预冷时,应采取分批进果或配备专用预冷库间,使葡萄果温迅速下降,预冷速度愈快,预冷愈彻底,袋内结露愈小,贮藏效果愈好。

4. 运输及销售

(1)运输　采用冷藏车(船)或冷藏集装箱运输。如条件不具备,也可预冷至 0℃ 后,采用普通汽车进行保温运输(用棉被或聚苯乙烯板保温)或保温集装箱运输,5~7 天内能保持葡萄新鲜状态。运输时应将包装容器装满装实,做到轻装轻卸,防止剧烈摆动造成裂果、落粒;使用保温箱如聚苯乙烯泡沫箱等效果好于纸箱。运输中合理使用仲丁胺或二氧化硫速效防腐剂可降低腐烂率。运输工具应保持清洁、卫生、无污染。

(2) 销售　用于贮藏的葡萄,贮藏时间不宜过长,必须留出一定的货架期,开箱后应尽快出售。

(五) 葡萄贮藏保鲜

1. 葡萄贮藏库要求的条件

(1) 温度　葡萄贮藏的适宜库温为 $-2℃\sim0℃$,以 $-0.5℃\sim-1.5℃$ 为最佳,如巨峰、龙眼、白莲子、伊丽莎白和新玫瑰等,但不同品种稍有区别,牛奶、红地球、秋黑和玫瑰香等适宜温度为 $-1℃\sim0℃$,泽香、意大利、红蜜和保尔加尔以 $-2℃\sim0℃$ 贮藏较好。另外,早、中熟品种及南方或温室生产的葡萄,果梗脆嫩、皮薄、含糖量偏低的品种,耐低温能力稍弱,宜在 $0℃\sim0.5℃$ 下贮藏。

(2) 湿度　葡萄贮藏最适宜的湿度为 $90\%\sim95\%$,若采用塑料保鲜袋以袋内不出现结露为度。为防止袋内湿度过大,水珠与葡萄接触,可在袋内放吸水纸解决。

(3) 气体成分　在贮藏中用氧气及二氧化碳测定仪准确控制气体成分是其关键。巨峰采用PVC袋贮藏,袋内二氧化碳占 $8\%\sim12\%$、氧气 $<12\%$ 时,能起到明显自发气调的作用,表现为果梗鲜绿,果粒饱满,果肉硬,色泽紫红,保鲜效果极佳;玫瑰香较耐二氧化碳,不适合低氧贮藏,当二氧化碳浓度为 $8\%\sim12\%$ 时,可明显抑制葡萄腐烂和脱粒,好果率高,最佳气体指标为 10% 氧气 $+8\%$ 二氧化碳;红地球以 $2\%\sim5\%$ 氧气, $0\%\sim5\%$ 二氧化碳贮藏效果最好;藤稔对二氧化碳敏感。目前,生产上主要采用塑料薄膜袋(帐)等简易气调贮藏方式。

2. 葡萄主要贮藏方法

(1) 土法窖藏　葡萄采收后,由于窖(库)温较高,不能立即入贮,需放在阴凉处待窖(库)温降至10℃以下时入贮。入贮后应利用夜间低温或寒流影响尽快将窖(库)温降至0℃以下,直至稳定在-2℃～0℃。葡萄入窖(库)后,立即用硫黄熏蒸,每立方米容积用硫黄3～5克加少许酒精或木屑点燃后密闭1小时。以后每隔10天熏蒸1次,当窖(库)温降至0℃左右时,每隔1个月熏蒸1次,硫黄用量减半。土法贮藏,最好不要采用塑料薄膜袋(帐)贮藏方式。因为窖(库)温较高且难以控制,塑料薄膜袋(帐)内湿度较大,容易产生腐烂。

随着葡萄产量的增加,冷库贮藏的葡萄一般在元旦、春节前后开始销售。有些产区的果农为延缓葡萄上市期,在葡萄架下挖沟做短期贮藏,在市场葡萄供应紧缺时上市,提高了经济效益。

(2)冷库贮藏 近10年来,微型或小型冷库发展迅速,冷库贮藏逐渐成为葡萄贮藏的主要方式。冷库贮藏主要用塑料薄膜袋(帐)的贮藏方式保持低而稳定的温度。如温度上下波动幅度太大,易引起塑料薄膜袋(帐)内湿度过大甚至造成积水,容易造成腐烂和药害。

塑料薄膜袋贮藏工艺流程如下:适期晚采——→分级、修穗——→田间直接装入内衬薄膜袋的箱内——→敞口预冷至0℃——→放入防腐剂——→扎口上架或码垛贮藏。贮藏期间,若袋内结露严重,必须开袋放湿,无结露后再扎袋贮藏,否则将会加重腐烂,缩短贮期。

塑料薄膜大帐贮藏工艺流程如下:采收——→分级、修穗——→装箱——→预冷至0℃——→上架或码垛——→密封大帐——→定期防腐处理。

采用上述两种方法贮藏,多数中、晚熟品种能贮藏2～4个月,果穗梗柄可保持鲜绿饱满。牛奶葡萄贮期为2～3个月,红地球、龙眼能贮藏4个月,藤稔不宜超过2个月。

(六)葡萄允许使用的防腐剂

1. 二氧化硫防腐方法

(1)定期熏蒸法 按库内每立方米容积用硫黄3~5克加少许酒精或木屑点燃后密闭1小时。贮藏前期,每10~15天熏蒸1次,贮藏后期每30天熏蒸1次,每次熏蒸完毕后,要打开库门通风换气或揭帐换气。这种方式适合土窖贮藏或冷库内塑料大帐贮藏。

(2)缓慢释放法 缓慢释放用粉剂、片剂等形式。主要有两种方法:①将重亚硫酸氢钠粉剂与硅胶按2~3:1的比例混合,用牛皮纸或小塑料薄膜包成2~3克的小袋,按葡萄总量(巨峰、龙眼等)0.3%的比例放入密封袋或帐中。此方法制作容易,但粉剂容易吸潮,二氧化硫释放速度较快,使用时应注意。②用焦亚硫酸钠和焦亚硫酸钾按1:1比例混合,加入1%淀粉或糊精、1%硬脂酸钙,加工成每片0.5~0.6克的片剂,按每千克巨峰、龙眼等葡萄用4片的用量,放入薄膜袋(帐)内中、上部,由于采取塑料薄膜包装,使用时需用大头针扎6~8个小孔,使药片吸收潮气,缓慢释放出二氧化硫,从而达到防腐保鲜的效果。

2. 仲丁胺防腐方法 仲丁胺是一种高效低毒的广谱性杀菌剂。其特点是释放速度快,但药效期较短(2~3个月)。使用时,按照每千克葡萄用药0.1~0.2毫升,即土窖贮藏每千克采用0.2毫升,冷库贮藏每千克采用0.1毫升。用药方法是:将所需原液加等量水稀释,用脱脂棉或珍珠岩做吸附载体,装入开口小瓶或小塑料袋内,放入塑料小包装中扎口贮藏。若用大帐贮藏,则在大帐4个角和中央用绳系上蘸药的脱脂棉或布条,而后密封大帐。仲丁胺在牛奶葡萄贮藏中应用效果较好。

用仲丁胺分装或处理时,要戴橡胶手套,不能使药剂接触手,更要注意保护眼睛。仲丁胺药液接触葡萄易产生药害(果穗变褐),贮藏过程中不要轻易开袋或揭帐,否则药剂溢散而降低防腐作用。

(七)葡萄贮藏中的主要病害

1. 裂果 葡萄裂果是一种生理病害,多因葡萄成熟期与采前土壤湿度过大,采后贮藏过程中空气湿度也过大引起。如红地球、秋黑等品种容易产生裂果,巨峰等品种则会因挤压增加裂果,影响葡萄的商品性。

防治裂果措施:①采前1～2周果园严禁灌水。②合理调整负载量,每667平方米以留果1 500千克为宜。进行疏花疏果,以防挤压造成裂果。③贮运包装容器一定要装满装实,避免串动,防止葡萄因振动挤压造成裂果。④采用薄膜袋(帐)贮藏时,湿度不可过大。

2. 冻害 加强温度管理,库温不能低于−2℃。注意蒸发器周围贮藏的葡萄不要发生冻害。如果因短时低温使葡萄发生轻微结冰,不要移动葡萄,在−0.5℃～0℃条件下会逐渐复原。

3. 药物伤害

(1)二氧化硫伤害 二氧化硫伤害的症状表现为葡萄果粒被漂白,果面无光泽。红色品种变成浅红,白色品种果皮变成灰色、褐色。葡萄果实伤口和果蒂部位首先表现出该症状,然后扩大到整个果粒,严重时整个果穗均被漂白。巨峰、玫瑰香、龙眼等较耐二氧化硫,秋黑、红地球等耐二氧化硫能力较差,可按巨峰用量的1/2加入;牛奶、里查马特等不耐二氧化硫,可按巨峰用量的1/4加入或采用仲丁胺熏蒸。红地球、秋黑二氧化硫伤害的症状表现为果粒、果柄及穗梗都呈浅红色或白色,水渍状;严重时,果皮开裂,品质变劣,不能食用。

预防措施:①根据品种对二氧化硫敏感程度,掌握好合理的浓度。②采用塑料帐(袋)尤其是薄膜袋贮藏的葡萄一定要预冷,而且要预冷透;在贮藏过程中,库温要稳定,库温波动不得超过±1℃。③对于不抗二氧化硫的品种,如贮藏红地球时,在葡萄上部放一层包装纸,把药剂放在纸上,再用一层包装纸盖在药剂上,以保证药剂释放的均匀性。④若发现已产生药害,应立即打开袋(帐)通风换气,药害严重时终止贮藏。

(2)氨气伤害 使用氨制冷系统的库房,库房内若氨液发生泄漏,则会产生伤害。其症状,葡萄变成蓝色或浅蓝色,而后果皮、梗柄褐变。要注意防止氨气泄漏造成伤害。

4. 葡萄贮藏期的主要真菌病害

(1)葡萄灰霉病 该病是真菌引起花穗及果实腐烂的一种病害,是葡萄产前、产中、产后的主要病害之一。该病在江苏、浙江、上海、湖南、湖北、四川、山东及辽宁等地普遍发生。

病状:葡萄灰霉病主要危害花序、幼果和成熟果实,有时也危害新梢、叶片和果梗。果实和果梗被害后,果面出现褐色凹陷的病斑,很快腐烂,病斑上长出灰色的霉层,果梗变黑,不久在病斑上长出黑色块状菌核。

病原:葡萄灰霉病是属半知菌亚门丝孢纲的一种真菌,称为灰葡萄孢霉(*Botrytis cineyeapers*)。

发病条件:详见本书第九章。

防治方法:①采收前疏花序,疏果粒;及时喷布 50%速克灵 1 500~3 000 倍液,或 40%嘧霉胺或杀霉灵 600 倍液,防治效果较好。②适时采收,细致操作,减少损伤和擦掉果粉,并及时剪除病果、伤果粒,采后及时预冷。③贮藏中应用硫制剂保鲜片和加仲丁胺固体进行防腐,配合简易气调(氧气5%、二氧化碳3%～4%)贮藏技术,可获得较好的防治效果。④选用红地球、秋黑、红保加利亚、黑大粒等高度抗病品种。

(2)葡萄青霉病 该病是葡萄贮藏期常见的一种病害。在包装箱里,一旦发病就迅速扩展,造成大量烂果,危害严重。

病状:受害果实开始发病时,出现浅褐色,逐渐变软腐烂,果梗和果粒表面常长出一层较厚的霉层,开始为白色、较薄,此为病菌的分生孢子梗和分生孢子。当其大量形成时霉层变厚,为青绿色。受害果腐烂后有霉败气味。

病原:该病是属半知菌亚门丝孢纲青霉菌属真菌($Penicnlliam\text{-}spp$)寄生所致。

防治方法:同葡萄灰霉病的防治方法。

(3)葡萄酸腐病 该病是葡萄的一种常见贮藏病害。

症状:受害果粒腐烂,果皮开裂,病果流出果汁,闻之有醋味。

病原:通常是醋酸细菌、酵母菌、多种真菌、果蝇幼虫等多种微生物混合寄生引起的病。

发病条件:在高温多湿、空气不流通时,果穗内先有个别果粒腐烂,其汁液滴到其他果粒上,则迅速引起其他果粒皮开裂而腐烂。

防治方法:①将贮运环境的温度控制在3℃以下,气体成分要求氧气占5%、二氧化碳占5%以下为宜。②减少果实的机械伤口,加入贮藏保鲜剂控制。

(4)葡萄根霉腐烂病 该病分布较广,多发生在潮湿、温暖的环境中,是葡萄贮藏期间的重要病害。

症状:受侵染的果实开始变软,没有弹性,继而果肉破碎流出果汁。在常温、多湿条件下,后期病果表面长出较粗白色菌丝体和细小黑色点状物。在冷库中,菌丝体生长受到抑制,孢子囊呈致密的灰白色或黑色团,紧紧附在果实表面。

病原：属接合菌纲的黑根霉（Rhizopus migricans Ehrenb）寄生危害。是一种弱寄生菌。一般通过伤口侵入。

防治方法：①贮运环境温度在3℃以下,气体成分要求氧气占5%,二氧化碳占5%以下,如此即可控制该病发生。②减少果实机械损伤是防此病的关键技术措施。

二、微型（小型）节能冷库及贮藏简介

微型节能冷库是在我国当前一家一户生产体制下产生的贮藏方式。该库型设计简单,投资少,见效快,深受广大果农欢迎。近年来,经过国内众多科研单位的积极推广,微型节能冷库获得快速发展。在辽宁、山西、陕西等地区,微型保鲜库已形成规模。

（一）微型节能冷库的设计

微型节能冷库的设计见图11-1。本图保温处理为聚氨酯喷涂,也可采用聚苯板、膨胀珍珠岩、稻壳等保温处理。采用聚氨酯喷涂或聚苯板隔热,需要做防护层,以防止保温层破损；采用膨胀珍珠岩、稻壳等松散材料时,通常采用双层墙（夹层墙）。防潮层可用沥青油毡或塑料薄膜。地面可用炉渣做保温层,但采用聚氨酯喷涂或聚苯板保温效果好,冷库降温快,同时可节省电能。

1. 墙体隔热处理 外墙由围护墙（承重墙）、隔气防潮层、隔热层、内保护层或内衬墙组成（图11-2）。围护墙体大部分是用砖砌成,隔气材料可采用沥青油毡,也可用塑料薄膜等,外墙厚度一般为240毫米或370毫米。若分成两个或两个以上库间,冷藏库的内墙厚度一般为240毫米,在同温库内

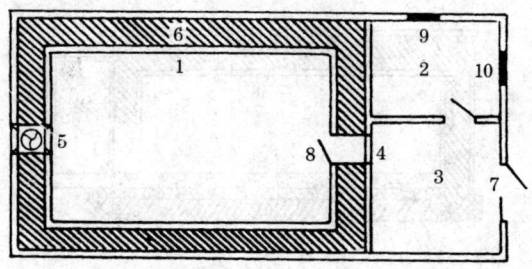

图 11-1 微型节能冷库平面图 （仿田永）
1. 贮藏间 2. 机房及制冷设备 3. 缓冲间 4. 保温门
5. 排风道及轴流风机 6. 保温层 7. 外门 8. 防鼠通风门
9. 通风窗及通风口 10. 机房进风窗

或相邻两个贮藏间的温差小于 4℃时,内墙可以不用做保温层。如相邻两库温差较大时,在间隔墙则需设隔热、防潮层。

2. 地坪隔热处理 冷库地坪一般由钢筋混凝土承重结构层、隔热层、防潮层(采用炉渣隔热时应避免炉渣对防潮隔汽层的损坏)组成(图 11-2)。

3. 库顶隔热处理 冷库顶部的外围结构,它的作用除了避免日晒和防止风沙、雨雾对库内的侵袭外,还起着隔热和稳定墙体的作用。库顶隔热措施有两种:一是在冷库屋面层上直接敷设隔热层,隔热层做在库顶上面的称外隔热;二是将隔热层反贴在库顶内侧,称内隔热。隔热材料一般用轻质的块状隔热材料,如软木、聚苯板、聚氨酯喷涂等。

4. 保温门的制作 冷库保温门可自行制作,也可购买专业公司生产的产品。自行制作成本较低,一般的做法是在两层木板间加放 100 毫米厚的聚苯乙烯泡沫板,也可采用聚氨酯发泡浇注。为了坚固结实和预防吸潮,库门可用镀锌铁皮包裹。保温门大小可根据需要确定,一般宽度不低于 1 米,高

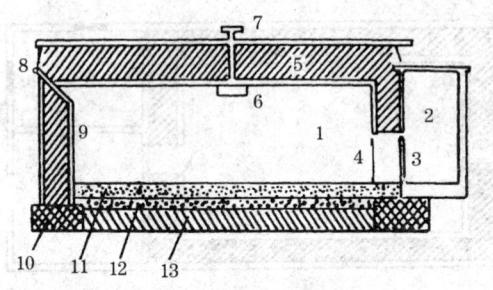

图 11-2 微型节能冷库纵剖面图

1. 贮藏室 2. 机房及缓冲间 3. 保温门 4. 防鼠门
5. 保温层 6. 排水扇 7. 冷却塔 8. 排风道 9. 砖墙
10. 墙地基 11. 三合土 12. 炉渣 13. 防潮膜

度为 2 米左右即可。

(二) 设备选型

微型冷库大小可从 10 余吨到数十吨不等。该库型最适宜果农家庭保鲜贮藏,它的优点是占地少,造价较低,可用闲置旧房、旧仓库改造,施工方便。新建库土建费用每平方米一般为 500~800 元。库的空间规格有 80 立方米、120 立方米、150 立方米、250 立方米等。选用压缩机时,必须考虑冷库的保温结构。在保温效果好的情况下,同容积的库所需的压缩机功率(制冷能力)比保温差的库可略低。

(三) 冷库管理

1. 贮前准备 贮藏前对库房要做好清扫、消毒、灭鼠工作,对冷库制冷系统性能进行检查等,并在入库前开机制冷,使库温降至 -1℃~0℃ 或适宜温度时,将果实入库贮藏。

2. 入库及码垛 果品采后应及时入库降温。贮藏包装应保证空气流通,码垛时货件之间应留有一定缝隙,垛与垛、垛与墙壁、库顶均应留有一定空间,以利于通风降温。货垛堆码要牢固、整齐,货垛间隙走向应与库内气流循环方向一致。

3. 中期管理 在果品贮藏过程中,应保持库温的稳定,贮藏期间库内温度变化幅度不能超过±1℃,要使用0.1或0.2分度值的水银温度计或电子温度计。入库初期,每天至少两次检测库温与库内相对湿度,以后每天检测1次并做好记录。每个库房至少应选3个测温点,测温仪器每个贮藏季至少校验1次,测温仪器误差不得大于±0.5℃。库内冷点(库内空气的最低点)不得低于最佳贮藏温度的下限。

定期对库内果实外观色泽、果肉颜色、硬度、口感风味进行测评,发现问题及时处理。

4. 出库 葡萄出库时,正值寒冬季节,要注意做好保温。打开包装后,应尽快出售。

附录 1 东北地区葡萄园作业历(辽宁兴城地区)

时 期	物候期	主 要 作 业
1~3月	休眠期	1.制定全年工作计划和承包合同;2.人员技术培训;3.维修药械、工具;4.购置农药、工具和用品;5.积肥、运肥;6.检查种苗贮藏情况;7.加强温室管理8.第一次撒除寒土;9.果窖管理
4月上中旬	树液开始流动期	1.熬制石硫合剂;2.整修道路及渠道;3.剪截种条、准备催根;4.埋正支柱、紧铁丝;5.第二次撒除寒土;6.苗圃整地、施肥、做垄;7.温室管理
4月下旬至5月上旬	萌芽期	1.山桃花开时葡萄出土、上架;2.扒老翘皮后喷铲除药剂;在冬芽膨大时喷3~5波美度石硫合剂;3.追施催芽肥和灌水;4.第一次抹芽;当冬芽已长到黄豆粒大时留大时留大用芽抹掉;5.地膜覆盖育苗;6.大树根部覆膜,增温催芽;7.新园定植及间作
5月中下旬	新梢生长期	1.第二次抹芽:将过密、过小芽抹掉;2.新梢长到20厘米左右,可看出花序时,第一次定枝,将位置不正及无花序及无花序无花芽抹掉,优良品种选留绿枝接穗;3.追施催条肥(氮、磷、钾复合肥);4.花前药防病,一般喷1:0.5:200倍波尔多液或800倍液的多菌灵78%料博500~600倍液及喷0.2%硼砂;5.育苗地开始绿枝嫁接;6.疏花序、粗壮枝序留1~2个花序,中庸枝留1个花序,弱枝不留;7.加强设施栽培管理;8.及时引绑新梢

续附录 1

时期	物候期	主要作业
6月份	开花期及果实生长期	1. 花前7~10天追开花肥（复合肥），灌花水，喷0.2%硼砂，提高坐果率；2. 花后及时喷药防病，重点防治黑痘病、白腐病；3. 花期停止灌水，注意雨后排水；4. 继续绿枝嫁接育苗；5. 新梢及时引绑；6. 在自然落果后，将过密、过小及畸形粒疏掉；花后10天追催果肥及灌水；8. 在自然落果后，将过密、过小及畸形粒疏掉
7月份	果实生长期及新梢生长期	1. 整修果穗：大果穗品种要将副穗和上部1~2个支穗疏掉，并将1/4穗尖剪去；2. 防治黑痘病、白腐病和霜霉病，要及时对症施药，喷多菌灵、福美双或乙磷铝500倍液；3. 加强苗圃管理，重点是除萌和防病；4. 新梢摘心及顶部的1~2个副梢留5~6片叶子摘心。第二、第三次副梢和中部副梢留1片叶子摘心，并抠除副梢的腋芽；5. 第二次疏果粒标准：平均果粒重11克以上的品种每穗留35~40粒，果粒重8~10克的品种留41~45粒，果粒重6~7克的品种每穗留46~50粒；6. 调整叶幕光照；7. 及时中耕除草
8月份	早熟品种果实着色成熟期	1. 加强病虫害防治，主要防治黑痘病、霜霉病和白腐病；2. 副梢摘心及调节架面叶幕，使其通风透光；3. 苗木摘心，喷0.3%磷酸二氢钾和引枝；4. 早熟品种采收上市；5. 间作管理；6. 剪除病果、病枝、深埋；7. 结合喷药喷施0.3%磷酸二氢钾和钙、镁、锰、锌等微肥，促进果实着色和枝条木质化

续附录 1

时 期	物候期	主 要 作 业
9 月份	中熟品种果实着色成熟期	1. 中晚熟品种采收上市,注意包装、运输外销;2. 调节叶幕层,将遮光老叶及新梢副梢回缩;3. 注意防治病虫,喷施多菌灵 800 倍液或 1:0.5:200 倍波尔多液;4. 贮藏窖消毒灭菌;5. 采收完的品种秋施基肥;6. 准备起苗,挂好品种名牌,防止混杂
10 月份	晚熟品种采收及冬剪	1. 晚熟品种采收开始施基肥;2. 新建园挖定植沟,每 667 平方米混施农家肥 5000 千克,回填及灌水;3. 冬季修剪,优良品种及砧木采种及条,挂好品种名牌,防止混乱;4. 清扫园地,对枯枝病叶烧掉或深埋;5. 苗木除萘,拴牌起苗,开始冬剪,剪后下架,顺行一株地捆好;7. 主蔓基部垫好土枕,以免埋土压断;8. 苗木人窖贮藏;9. 种条用沙埋藏
11 月份	防寒期	1. 灌防冻水、埋土防寒;2. 防寒沟灌防冻水;3. 加强管理果窖;4. 查点农药及检修药械、农具
12 月份		1. 全年工作总结;2. 购买农药、工具;3. 积肥运粪;4. 加强保护地栽培准备工作

· 234 ·

附录 2 华北地区葡萄园作业历（北京）

时 期	物候期	主 要 作 业
1月至3月上中旬	休眠期	1. 制定全年工作计划和承包合同；2. 人员技术培训；3. 准备农药、工具；4. 检修药械、农具；5. 埋正立柱，紧铁丝等；6. 熬制石硫合剂；7. 加强果窖及温室管理；8. 第一次撤除部分防寒土
3月下旬至4月中旬	树液开始流动期	1. 撤除防寒土；2. 山桃初花期撤除防寒秸秆；3. 扒老翘皮；4. 覆膜增温，保湿；5. 上架绑蔓；6. 施肥（农家肥加尿素）后灌水；7. 平整育苗地、施肥、做畦或做垄；8. 加强果窖及温室管理
4月中下旬	萌芽期	1. 在冬芽膨大时用 3～5 波美度石硫合剂，铲除越冬病虫害，如黑痘病、白腐病、白粉病和红蜘蛛，锈壁虱、粉蚧等；2. 灌水后适时中耕除草；3. 第一次抹芽；当芽长到黄豆粒大时，留中间大而扁的主芽，将其余芽抹掉；4. 在芽长出 10 厘米可看出花序时，进行第二次抹芽与定枝，并抹掉主蔓基部的萌蘖芽和结果母枝基部无用的芽；5. 苗圃地扦插育苗；6. 硬枝高接换种
5月上中旬	新梢生长期	1. 新梢长到 20 厘米左右时第二次定枝；在结果母枝上选留好结果枝和预备枝，将其余无用枝疏去，优良品种留绿枝接穗；2. 采集良品种绿枝接穗开始嫁接育苗；3. 预防黑痘病、花前喷 1 次（1∶0.5∶200）波尔多液或多菌灵 800 倍液；4. 开花前 7～10 天追催花肥、灌水及喷 0.2%硼酸、提高坐果率；5. 注意引绑新梢；6. 加强设施栽培管理

续附录 2

时 期	物候期	主 要 作 业
5月下旬	开花期及新梢生长期	1. 对易落花落果品种，如巨峰、玫瑰香等，要在开花前4～5天摘心，花序上留5～6片叶子摘去嫩尖；2. 对坐果率高的品种，如藤稔、京秀等，于初花期在花序上留5～7片叶子摘心；3. 新梢顶端1～2个副梢留5～6片叶子摘心，将花序下的副梢尽早抹掉，新梢中部的副梢留1片叶子摘心，第二次副梢再留1片叶子摘心，并抠除副梢腋芽，防止其再生；5. 粗壮结果枝留1～2个花序，中庸枝留1个花序，将弱枝疏革花序，使其变成营养枝；6. 温室果实采收
6月份	新梢生长及果实膨大期	1. 花后7天实膨大期要追施复合肥或腐熟人粪尿，并及时灌水；2. 花后及时喷药，防治黑痘病、白腐病和褐斑病，用退菌特和波尔多液交替使用；3. 采用绿枝劈接繁殖优良品种；4. 疏果粒，将过密果、过小果或过大果、畸形果疏掉；5. 修整果穗，将大果穗上部2～3个支穗和1/4穗尖剪掉；6. 新梢加强引绑；7. 花后防治黑痘病、白腐病和灰霉病；8. 花期停止灌水，注意降雨后排水
7月份	浆果膨大期及早熟品种成熟期	1. 以防病为中心，每隔10～15天用两种以上农药交替喷洒；2. 加强夏季修剪，对延长枝、预备枝进行摘心，对副梢也及时摘心；3. 加强苗木管理；4. 注意及时灌水与排水，要求排灌通畅；5. 结合喷药加入0.2%钙、镁、锌等微肥；6. 早熟品种采收上市

续附录 2

时期	物候期	主要作业
8月份	早熟品种成熟及新梢生长期	1. 结合喷药加入 0.3%磷酸二氢钾,每隔 10 天喷 1 次,共喷 3~4 次;2. 早中熟品种适时采收上市;3. 晚熟品种调节光照,促进着色增糖;4. 注意防治病虫,保护叶片;5. 采收叶片;6. 贮藏客准备好包装物;6. 加强苗圃地管理
9月份	中熟品种果实着色及成熟期	1. 注意架面通风透光;2. 喷施 0.3%磷酸二氢钾,全年喷 4~5 次;3. 中晚熟品种适时采收上市;4. 注意喷药保护叶片,促使枝蔓充实,成熟和花芽分化良好;5. 采收完的品种秋施农家肥;6. 准备起苗、栽好品种名牌,贮藏客准备好,防止混杂
10月份	晚熟品种果实成熟期及冬剪	1. 晚熟品种大量采收、外运与贮藏;2. 秋施基肥:每株施 100 千克农家肥(混入适量磷酸钙、硫酸钾);3. 施基肥后灌足防冻水;4. 苗木起、运、包装、贮藏和销售;5. 冬季修剪,采收名牌,栽好品种名牌;6. 清扫出枝病叶并烧掉;7. 葡萄主蔓基部垫好土枕,防止埋土压断;8. 葡萄下架、顺蔓捆好、覆盖防寒秸秆或麦草等物
11月份	秋施肥及防寒期	1. 灌防冻水,集中力量进行葡萄培土防寒。第一次注意培土均匀,无大土块,防止透风,第二次按当地地表下—5℃的冻土厚度就是防寒土厚度,按当地冻土深度的 1.8 倍为防寒土的宽度进行埋土防寒。2. 苗木及种条贴好品种名牌,开沟用沙土或河沙埋藏越冬
12月份		1. 全年工作总结;2. 检修药械、农具;3. 清理查点农药、化肥

附录3 中部地区葡萄园作业历(河南郑州地区)

时 期	物候期	主 要 作 业
1~2月	休眠期	1.制定全年工作计划和承包合同;2.购置生产资料;3.冬季修剪与种条采集;4.清扫园地,烧毁枯枝病叶;5.整修架材;6.土壤干旱时灌水;7.保护地育苗管理;8.刮除老翘皮、烧段;9.人员技术培训;10.熬制石硫合剂
3月份	休眠期	1.新建园定植或补植苗木;2.露地育苗催根处理;3.育苗地施肥、整地、做垄或做畦;4.育苗地喷除草剂、覆膜、扦插及插后灌水;5.枝蔓上架、调整、引绑;6.喷铲除药剂,在萌芽时喷3~5波美度石灰硫黄合剂防治病虫效果好;7.追催芽肥及灌催芽水;8.硬枝嫁接及育苗嫁接换种
4月至5月上旬	萌芽期及新梢生长期	1.露地育苗扦插及管理;2.注意防治黑痘病、灰霉病和蟎;3.第一次抹芽:当芽长到黄豆粒大时,留大而扁的中间芽,其余的副芽、隐芽无用芽抹掉;4.当新梢长20厘米左右时定枝和疏掉过多的花序;5.花前3~5天在花序上留5~7片叶子摘心;6.当新梢长30厘米左右及时引绑;7.花前7~10天追肥、灌水和叶面喷0.2%硼砂;8.花前5~7天对黑痘病、灰霉病、炭疽病、霜霉病和短须叶蟎等病虫喷药防治
5月中旬至6月上旬	开花期及新梢生长期	1.新梢引绑;2.花前7~10天灌水与喷硼;3.定枝:在结果母枝上选留位置正、粗壮的结果枝和预备枝,对其余无用枝剪或做绿枝接穗;4.疏花序:对粗壮的结果枝留1~2个花序,中庸枝留1个花序,预备枝一般不留花序;5.第一次疏果粒,将过小果、过密果和畸形果疏掉;6.花后及时喷药,主要针对黑痘病、白腐病和灰霉病;7.加强苗地管理;8.压蔓株和压条育苗、绿枝嫁接繁殖优良品种;9.将花序下副梢尽早抹掉,以利于坐果;10.除草卷叶、将花序下副

·238·

续附录 3

时期	物候期	主 要 作 业
6月中旬至7月中旬	果粒生长期及新梢生长期	1. 果穗修整：对大果穗、大果粒的品种，要将副穗和上部1~2个支穗疏掉，并剪去1/4穗尖；2. 疏果粒：对果粒重为10克以上的品种，每穗留40粒左右，果粒重为8~9克的品种41~45粒；对果粒重为6~7克的品种，每穗留46~50粒；3. 副梢处理：主梢摘心后，顶端1~2个副梢留5~6片叶子摘心，新梢中部的副梢一律留1片叶子摘心，并抹除副梢的腋芽，防止再生；4. 对黑痘病、白腐病、灰霉病、霜霉病、炭疽病和红蜘蛛的防治要对症施药，及时防治
7月下旬至8月上旬	果实着色与成熟期	1. 采收早中熟品种销售；2. 注意调整叶幕结构，使其通风透光；3. 加强苗圃地管理；4. 对炭疽病、白腐病、霜霉病等及时喷药防治；5. 在7~8月，每隔10~15天结合喷药加0.3%磷酸二氢钾及钙、镁、锰、锌等微肥，以促进果实成熟和枝条木质化；6. 注意灌水和排水，要保持土壤水分相对稳定；7. 及时中耕与除草
8月中下旬至9月上旬	果实采收期	1. 成熟品种及时采收销售；2. 采收后施基肥及灌水；3. 注意防治病虫害，重点防治霜霉病；4. 加强苗圃后期管理；5. 做好采收各项准备工作；6. 贮藏管消毒杀菌
9月中旬至10月	果实采收期	1. 果实成熟及时采收与销售；2. 苗木各品种名牌准备出圃；3. 准备基肥；4. 苗木出圃分级贮藏与销售；5. 彻底清扫果园，将枯枝病叶烧掉或深埋；6. 新园秋栽；7. 施基肥，以农家有机肥为主
11~12月	冬剪及防寒期	1. 冬剪和采集种条；2. 贮藏管理；3. 种苗、种条贮藏管理；4. 秋施基肥；5. 灌足封冻水；6. 清扫园地；7. 园地深耕施肥

附录 4 西北地区葡萄园作业历(宁夏银川地区)

时 期	物候期	主 要 作 业
1~3月	休眠期	1. 制定新的年度管理计划；2. 人员技术培训；3. 购买化肥、农药、工具；4. 熬制石硫合剂；5. 温室管理；6. 果管管理；7. 田间防寒检查
4月份	休眠期	1. 修整田间渠道；2. 撤除防寒土(分两次撤完)；3. 扶正水泥柱和拉紧铁丝；4. 引蔓上架；5. 在芽萌动而未发芽前喷布 3~5 波美度石硫合剂；6. 温室管理；7. 种条剪截、催根
5月份	萌芽期	1. 新区苗木定植；2. 老园追施催芽肥，灌催芽水；3. 抹芽及除根部萌蘖；4. 按间距定枝，多余者疏掉；5. 按负载量每 667 平方米定产 1500~2000 千克留花序，多余者疏掉；6. 结果枝在花序上留 5~7 片叶子摘心；7. 喷波尔多液防治黑痘病；8. 温室管理；9. 育苗地整地、覆膜、扦插及灌水
6月份	开花期及新梢生长期	1. 开花前 7~10 天喷布 0.2%硼酸；2. 疏花穗、疏果粒；3. 花期不灌水，注意排水；4. 及时抹掉花序下副梢；5. 结果枝摘心后的副梢留 1 片叶子反复摘心；6. 喷杀菌剂防治黑痘病；7. 温室葡萄成熟采收；8. 苗圃地管理：除萌、引绑和防治病虫害
7月份	果实膨大期及新梢生长期	1. 继续疏穗、疏粒；2. 追施催果肥和灌果膨大水(以叶面喷施磷、钾肥为主，混加钙、铁、锰、锌等微肥)；3. 加强夏季修剪，调节叶幕光照；4. 注意防治黑痘病、白腐病；5. 苗圃地管理；6. 早熟品种采收

续附录 4

时 期	物候期	主 要 作 业
8月份	果实着色及成熟期	1. 早熟品种采收上市；2. 防治白腐病、霜霉病、黑痘病、炭疽病和葡萄虎蛾；3. 调节叶幕光照；4. 结合防病喷药（加入0.3%磷酸二氢钾），共喷3～4次
9月份	果实着色及成熟期	1. 晚熟品种采收；2. 准备起苗；3. 采收后施基肥；4. 果管消毒杀菌；5. 新建园挖定植沟（深、宽各1米）；6. 冬剪时注意选留种条；7. 清扫烧毁枯枝病叶
10月份	施肥期及冬剪期	1. 继续施基肥；2. 灌水；3. 准备防寒物和机械；4. 葡萄人管管理；5. 起苗假植；6. 苗木套品种名牌，越冬贮藏；7. 品种枝条采集贮藏；8. 灌防冻水
11月份	防寒期	1. 垫围脖土或称垫套土机；2. 防止压断枝蔓；3. 取土位置要求距树根1米之外，以防止根部冻害；4. 开始埋土防寒，土壤湿度大时要分两次埋土；3. 取土位置要求距树根1米之外，以防止根部冻害；4. 防寒土宽度是当地冻土厚度的1.8倍，防寒土厚度40厘米以上，宽度1.5～1.8米。防寒土宽度是当地冻土厚度的1.8倍，防寒土层厚度的厚度是当地的地表到−5℃土层厚度；5. 葡萄苗木及种条贮藏
12月份	冬季休眠期	1. 年度总结；2. 加强果园管理；3. 农机具、药械检修；4. 清点农药、化肥

注：本作业历参考张国良资料

附录 5　上海地区葡园作业历

时 期	物候期	主 要 作 业	备 注
1月份	休眠期	制定全年工作计划；结束冬季修剪；各种机具维修；整理支架，调换架面锈烂铁丝，遇到冬旱及时灌溉	苗圃地深翻施基肥
2月份	休眠期	继续上月未完成的工作；熬制石硫合剂；春植葡萄	
3月份	树液流动期至萌芽期	发芽前喷布3～5波美度石硫合剂；就地改接种；施追肥	苗圃扦插育苗
4月份	萌芽展叶期	抹芽定梢；第一次喷1∶1∶240倍波尔多液；中耕除草，越冬绿肥作物翻耕理青；检查病害及葡萄红蜘蛛，发现黑痘病和灰霉病要及时喷78%科博粉剂或15%亚胺或40%嘧霉灵可湿性粉剂防治；部分品种绑新梢；整理排水沟；播种行间覆盖作物	苗圃地锄草
5月份	新梢生长期至开花期	新梢摘心，继续绑扎，除副梢，花蕾处理，除卷须；进行多次结果处理；第二次喷波尔多液并根外追肥；施磷、钾肥及微量硼肥；中耕除草，检查葡萄透翅蛾及葡萄红蜘蛛，花前防治灰霉病和黑痘病，喷速克灵2000倍液或甲基托布津800倍液或多菌灵800倍液	幼苗锄草，施追肥
6月份	幼果生长期	控制副梢；结合第三次喷波尔多液(1∶2∶200)多菌灵800倍液、根外追施磷、钾肥；中耕除草；谢花后追施氮肥；天旱时灌水	扦插苗设临时支柱，摘心引缚，处理副梢，第一次喷波尔多液(1∶1∶200)，施追肥

· 242 ·

续附录 5

时 期	物候期	主 要 作 业	备 注
7月份	硬核期至果实着色期	根据制订的病虫防治计划喷药,注意防治灰霉病,黑痘病,霜霉病,喷多菌灵 800 倍液;剪除病果;天晴时灌水;行间覆盖作物就地埋青或刈割集中耕地覆盖中耕除草;早熟、中熟葡萄的采收准备	幼苗抗旱追肥;继续绑扎,处理副梢;第二次喷波尔多液;中耕除草
8月份	果实着色至果实成熟期	早熟、中熟品种采收;晚熟品种继续喷药保果;剪副梢;防止鸟害;中耕除草;注意防治霜霉病、灰霉病和锈病,喷 40％乙磷铝 200 倍液或 1∶2∶180 倍波尔多液	苗圃地中耕除草;第三次喷波尔多液
9月份	果实成熟期	中晚熟、晚熟葡萄采收;中耕除草;采收后喷药防治霜霉病、白粉病、灰霉病、炭疽病,喷雷多普-葡萄康丰 500 倍液或敌粉锈宁 1500 倍液	
10月份	枝蔓成熟期	中熟品种二次果采收;检查病虫枝;中耕除草;播种黄花苜蓿;结束采收、准备基肥;做好秋季定植准备(仿田永)	
11月份	落叶期	清洁田园;深耕施基肥;播种蚕豆、秋季新辟葡萄园地定植,做好冬季修剪准备(包括插条沙藏);继续施基肥	苗木出圃和假植
12月份	休眠期	冬季修剪;整理插条沙藏;架面铁丝涂水柏油	

注:参考《上海葡萄栽培》(葛根,1981)

主要参考文献

1 翟衡,修德仁,温秀云.良种良法葡萄栽培.北京:中国农业出版社,1998
2 杨治元.葡萄无公害栽培.上海:上海科学技术出版社,2003
3 晁无疾,刘俊.葡萄设施栽培.郑州:中原农民出版社,2000
4 李知行主编.葡萄病虫害防治.北京:金盾出版社,1992
5 农业部农药检定所.新编农药手册.北京:中国农业出版社,1998
6 王忠跃,晁无疾.葡萄无公害食品生产中的病虫害防治.第三次全国南方葡萄会议资料,2002
7 孔庆山主编.中国葡萄志.北京:中国农业科学技术出版社,2004
8 贺普超主编.葡萄学.北京:中国农业出版社,1999
9 邱强.原色葡萄病虫图谱(第三版增补本).北京:中国科学技术出版社,2001
10 王文辉,许步前主编.果品采后处理及贮运保鲜.北京:金盾出版社,2003